Patologias em Pontes

Como Diagnosticar Corretamente as Patologias em Pontes

Por Eugenio Ribeiro Nascimento

Dados Internacionais de Catalogação na Publicação (CIP)

(Câmara Brasileira do Livro, SP, Brasil)

Nascimento, Eugenio Ribeiro

Patologias em pontes : como diagnosticar os

principais tipos de patologias em pontes / Eugenio Ribeiro Nascimento. -- Restinga Sêca, RS : Sabhia, 2026.

Bibliografia.

ISBN 978-65-5198-903-2

1. Concreto - Controle de qualidade 2. Engenharia civil (Estruturas) 3. Normas técnicas e legislações

4. Pontes - Projetos 5. Relatórios I. Título.

26-349538.0 CDD-624

Índices para catálogo sistemático:

1. Engenharia civil 624

Eliane de Freitas Leite - Bibliotecária - CRB 8/8415

Descrição

Este livro técnico aborda de forma exaustiva os processos de identificação, análise e reparo de patologias em pontes de concreto armado. Destinado a profissionais da engenharia civil e áreas correlatas, oferece um guia completo, integrando conceitos teóricos, metodologias práticas, estudos de caso e o uso de tecnologias avançadas, com foco na realidade e nas normas técnicas brasileiras.

Dedicatórias

Dedicatória Especial

Dedico este trabalho àqueles que lidam diariamente com meu "status atual", onde vivo e concentro meu foco. No lugar onde sempre pretendo estar para o resto da vida. Minha família, minha base.

À minha esposa e filhos:

"A tua mulher será como a videira frutífera aos lados da tua casa; os teus filhos como plantas de oliveira à roda da tua mesa."

Salmo 128:3

À minha mãe:

"Seus filhos se levantam e a chamam de bem-aventurada; seu marido também a louva, dizendo: 'Muitas mulheres procedem virtuosamente, mas tu a todas sobrepujas'."

Provérbios 31:28

Aos meus irmãos:

"Oh! Quão bom e quão suave é que os irmãos vivam em união!"

Salmos 133:1

Dedicatória Expandida

Dedico este trabalho à vasta rede de profissionais, empresas e instituições públicas que sustentam a engenharia brasileira. Dos escritórios de cálculo às autarquias de fiscalização e gestão, cada agente cumpre um papel vital na manutenção da segurança e na durabilidade das estruturas que conectam o país.

Aos colegas de profissão que enfrentam os desafios técnicos diários e às organizações que buscam a excelência normativa: esta obra reflete o nosso compromisso comum com a técnica, a resiliência das cidades e o avanço da sociedade.

Dedicatória Dirigida

Nenhuma estrutura se sustenta sem alicerces sólidos, e nenhuma trajetória na engenharia é trilhada em isolamento. Esta obra não é apenas o resultado de cálculos e normas, mas a materialização de décadas de aprendizado, confiança e parcerias. Olhar para o caminho percorrido é reconhecer o rosto de cada mestre, colega e amigo que emprestou sua força e seu saber para que eu pudesse chegar até aqui.

Aos profissionais que foram os pilares da minha jornada, dedico este trabalho com profunda admiração e afeto:

Sérgio Priori: Por ser o mestre que expandiu meus horizontes. Sua confiança não apenas aumentou meu portfólio de conhecimento, mas me ensinou a enxergar a engenharia com a magnitude que ela exige.

Humberto Justiniano (In memoriam): Cuja partida nos deixou saudades, mas cujo legado permanece vivo. Sua capacidade técnica ímpar e a leveza do seu bom humor me ensinaram que a excelência e o sorriso podem e devem caminhar juntos.

Denillo Lima: Pela lealdade e pelas parcerias inabaláveis. Ao longo de nossas carreiras, nossas trajetórias se cruzaram para provar que a engenharia é, antes de tudo, um exercício de confiança mútua.

Gustavo Rego: Pelos inúmeros momentos de troca e aprendizado. Sua generosidade em compartilhar oportunidades e conhecimentos fez de nós melhores engenheiros e melhores parceiros de jornada.

Manoel Ferreira: Pela disciplina e ética. Com você, aprendi que a gestão de contratos é uma arte que exige muita responsabilidade, técnica e, acima de tudo, respeito ao que foi pactuado.

Vital Carvalho: Pela voz que me deu através da Interdata Cursos. Agradeço a oportunidade de ensinar, pois foi transmitindo conhecimento sob sua tutela que consolidei muito do que sou hoje.

Paulo Tavares: Meu sócio na HGT Engenharia. Mais do que negócios, construímos uma irmandade. Obrigado por cada desafio superado lado a lado e por todas as vitórias que celebramos como um só time.

Por fim, estendo este abraço aos muitos amigos, parceiros e colegas que encontrei e reencontrei em canteiros, escritórios e salas de aula. Cada um de vocês deixou um traço no meu desenho profissional. Sintam-se, cada um, lembrados com o carinho e o respeito de quem sabe que a engenharia mais importante que fazemos é a das relações humanas.

Agradecimentos

Gratidão ao Senhor dos destinos: o traçado foi preciso, a caminhada foi necessária e o objetivo foi alcançado.

"O coração do homem planeja o seu caminho, mas o Senhor lhe dirige os passos."

Provérbios 16:9

"...sabendo que a tribulação produz a paciência, e a paciência a experiência, e a experiência a esperança."

Romanos 5:3-4

"Combati o bom combate, acabei a carreira, guardei a fé."

2 Timóteo 4:7

Prefácio

As pontes, bem como todas as obras de arte especiais em concreto armado são a espinha dorsal de qualquer infraestrutura de transporte rodoviário moderno, facilitando a mobilidade de pessoas e bens e impulsionando o desenvolvimento econômico do país. Elas são monumentos da engenharia, símbolos de progresso que vencem vales, rios e mares, conectando pessoas e viabilizando o comércio. Contudo, a despeito de sua robustez inerente, estas estruturas estão incessantemente expostas a uma gama complexa de ações ambientais e mecânicas.

Com o passar do tempo, essa exposição contínua culmina no inevitável surgimento de patologias: manifestações de degradação que, se não abordadas proativa e adequadamente, podem comprometer severamente a segurança, a funcionalidade e a vida útil das pontes, culminando, nos casos mais extremos, em falhas com potencial catastrófico. A responsabilidade do engenheiro não termina na entrega da obra; ela se estende por toda a sua vida útil, em um compromisso contínuo com a segurança da sociedade.

Este livro foi meticulosamente concebido para servir como um guia técnico abrangente e prático, navegando por todas as etapas cruciais envolvidas na gestão das patologias de pontes.

Desde a fase inicial de inspeção, passando pelo diagnóstico preciso e detalhado, a análise aprofundada dos problemas identificados, até as soluções de recuperação e reforço estrutural mais eficazes, cada aspecto é tratado com o rigor técnico que a matéria exige. Embora o foco seja em pontes, os conceitos aqui apresentados são amplamente aplicáveis, podendo-se estender seu uso em outras obras de infraestruturas como viadutos, passarelas de pedestres, passagens inferiores, etc.

A estrutura deste livro foi cuidadosamente planejada para oferecer uma jornada de aprendizado lógica e progressiva.

Inicia-se com a contextualização da importância da manutenção, detalhando as causas multifacetadas da deterioração e a classificação das patologias mais comuns. Em seguida, o leitor é guiado pelas metodologias de vistoria em campo, o uso de equipamentos específicos e as técnicas de registro.

A elaboração de relatórios técnicos, a aplicação de métodos de análise estrutural incluindo ensaios destrutivos e não destrutivos, bem como a modelagem numérica são exploradas em profundidade, culminando na documentação necessária para fundamentar um diagnóstico robusto.

Um capítulo dedicado à elaboração de relatórios fotográficos, ressaltando a importância do registro visual, é particularmente relevante para profissionais que valorizam a documentação fotográfica precisa.

As técnicas de recuperação e reforço são apresentadas com um olhar crítico sobre sua aplicação no contexto brasileiro, e casos reais são discutidos para extrair lições valiosas. O livro conclui com uma reflexão sobre as considerações finais e as tendências futuras da área, incluindo o impacto das novas tecnologias como a Internet das Coisas (IoT) e a Inteligência Artificial (AI) na gestão preditiva de nossas infraestruturas.

Nosso objetivo é fornecer aos engenheiros civis, arquitetos, técnicos e estudantes e aos demais envolvidos na concepção, manutenção e reabilitação de estruturas de pontes, as ferramentas intelectuais e práticas necessárias para enfrentar os desafios inerentes a este campo de atuação tão necessário em nosso território nacional.

Acreditamos que o conhecimento contido nestas páginas capacitará os profissionais a tomar melhores decisões, implementar intervenções eficazes e, em última análise, contribuir para a segurança e a resiliência da infraestrutura de transpor-te brasileira.

Boa leitura e bons projetos!

Sumário

Capítulo 1
Sobre a Capa Deste Livro

1.1. O Alerta sob o Concreto: Por que a Ponte JK Ilustra esta Obra

A imagem que estampa a capa deste livro não foi selecionada pela sua plasticidade ou por um mero registro histórico. Ela é, em essência, a materialização do maior temor de um engenheiro de estruturas e a prova cabal de que a patologia das construções não é um conceito abstrato confinado aos laboratórios ou aos manuais acadêmicos. A queda da Ponte Juscelino Kubitschek, na divisa entre o Maranhão e o Piauí, em 2024, serve como um monumento ao "silêncio das estruturas" e um alerta urgente sobre a gestão da infraestrutura brasileira.

1.2. A Anatomia de uma Ruína

Uma ponte não colapsa apenas no instante em que suas vigas tocam o solo. O colapso, na verdade, é o estágio final de um processo patológico que muitas vezes se arrasta por décadas. A Ponte JK, um elo vital entre Teresina e Timon, carregava consigo não apenas o fluxo intenso de veículos e a integração regional, mas também as marcas do tempo, do desgaste e, possivelmente, de intervenções que não foram capazes de conter a progressão de danos invisíveis ao olho leigo.

Ao escolhermos esta imagem, estamos fazendo um convite ao leitor para olhar além do entulho. Estamos analisando o esgotamento dos estados limites de serviço e último. Estamos falando de corrosão de armaduras que avançam sob a capa de cobrimento, de fadiga de materiais que suportam cargas muito além do que foram previstos na década de 70, e de processos de lixiviação que enfraquecem a matriz do concreto.

1.3. A Patologia como Ciência Diagnóstica

A engenharia de diagnóstico é, talvez, a vertente mais humanista da nossa profissão. Assim como na medicina, o estudo das patologias em pontes exige que saibamos "ouvir" a estrutura. As fissuras são os sintomas; a carbonatação e os cloretos são os agentes patogênicos; e o colapso é a falência sistêmica.

A Ponte JK em 2024 tornou-se um estudo de caso involuntário. Sua queda durante um processo de manutenção e ampliação levanta questões cruciais: Até que ponto as intervenções em estruturas antigas respeitam a integridade do sistema original? Como os modelos matemáticos de reforço lidam com a incerteza dos materiais degradados? Esta obra busca responder a essas perguntas, utilizando o trauma da perda estrutural como motor para o aprendizado técnico rigoroso.

1.4. O Contexto Brasileiro e a Responsabilidade Ética

O cenário nacional é repleto de "obras de arte" que atingiram sua vida útil de projeto. Pontes e viadutos construídos durante os grandes saltos de infraestrutura do século XX clamam por atenção. A imagem da capa é um lembrete de que a economia na manutenção preventiva é, invariavelmente, um gasto exorbitante na reconstrução corretiva sem mencionar o custo imensurável em risco à vida humana e estagnação econômica.

Como engenheiros, nossa responsabilidade transcende o cálculo de momentos fletores e esforços cortantes. Somos os guardiões da segurança pública. Quando uma ponte como a JK cai, cai também uma parcela da confiança da sociedade na técnica. Portanto, este livro não trata apenas de "ferrugem e trincas"; ele trata de resiliência, segurança e ética profissional.

1.5. O Propósito desta Obra

Iniciei a escrever este livro no início de 2024 e, após quase dois anos, chegamos aqui. Cada opinião, pesquisa, estudo, análise, recomendação ou citações aqui feitas, foram cuidadosamente escritas. As páginas que se seguem detalham os mecanismos de deterioração, as metodologias de inspeção (das visuais às ensaios não destrutivos avançados) e as técnicas de recuperação que poderiam, talvez, ter mudado o destino da imagem da capa deste livro.

Que a visão dos vãos colapsados da Ponte JK sobre o rio Parnaíba não seja vista apenas como uma tragédia passada, mas como o combustível para que cada leitor seja estudante, inspetor ou calculista desenvolva um olhar crítico e preventivo. Se este livro ajudar a evitar que uma única estrutura alcance o estado crítico aqui ilustrado, nossa missão terá sido cumprida.

A engenharia não é feita apenas de concreto e aço; ela é feita de vigilância constante. Que esta leitura seja o seu primeiro passo para garantir que as pontes de amanhã permaneçam de pé, unindo margens e vidas com a segurança que a técnica exige.

Capítulo 2
Introdução às Patologias em Pontes de Concreto Armado

2.1. Importância da Manutenção de Pontes

As pontes, mais do que simples estruturas, são artérias vitais que impulsionam o desenvolvimento socioeconômico de uma nação. Elas conectam regiões, superam barreiras geográficas e garantem o fluxo ininterrupto de pessoas e bens. No Brasil, com sua vasta extensão territorial e diversidade de biomas, a rede de pontes é intrínseca à logística de transporte e ao acesso a áreas remotas. São elas que permitem o escoamento da produção agrícola do Centro-Oeste para os portos, que viabilizam o acesso a comunidades na Amazônia e que sustentam a malha urbana das grandes metrópoles.

Contudo, essa criticidade se choca com a realidade de que são estruturas perenes, expostas a um regime contínuo de esforços e ao ataque implacável de agentes externos, que as tornam suscetíveis ao surgimento dc patologias. Uma ponte não é uma estrutura estática e imutável; é um organismo vivo que envelhece, se cansa e adoece. Ignorar essa realidade é negligenciar a segurança pública. Portanto, a manutenção não é um custo, mas um investimento crucial na segurança pública, na resiliência da infraestrutura e na sustentabilidade econômica. É o ato de cuidar de um patrimônio que pertence a toda a sociedade.

2.2. Impactos da Degradação: Uma Análise Socioeconômica e Ambiental

A falha ou degradação severa de uma ponte desencadeia uma cascata de impactos negativos que transcendem a engenharia.

Impactos Econômicos: A interrupção de uma rota logística estratégica pode paralisar o escoamento da produção, gerar prejuízos incalculáveis para o agronegócio e a indústria, e aumentar exponencialmente os custos de transporte devido a desvios extensos e demorados. Imagine-se o impacto da interdição de uma ponte-chave em uma rodovia como a BR-163 para o escoamento da soja. Os custos adicionais com frete, o tempo perdido e a quebra de contratos podem gerar perdas de milhões de reais por dia, afetando a balança comercial e a competitividade do país.

Impactos Sociais: O risco à segurança pública é o mais alarmante, podendo resultar em perdas de vidas humanas em casos de colapso. Além da tragédia imediata, a queda de uma ponte pode isolar comunidades inteiras, impedindo o acesso a serviços essenciais como hospitais, escolas e segurança. Crianças perdem aulas, doentes não chegam a tratamento e o direito de ir e vir da população é cerceado.

Impactos Ambientais: Desmoronamentos podem levar à contaminação de corpos d'água e ecossistemas adjacentes, especialmente se houver transporte de cargas perigosas. O concreto e o aço lançados em um rio podem alterar seu curso e leito, enquanto o derramamento de combustíveis ou produtos químicos pode causar danos ambientais de longa duração, afetando a fauna e a flora locais.

O trágico colapso da Ponte Morandi em Gênova, na Itália, ocorrido em agosto de 2018, transcendeu a esfera de um acidente local para se tornar um dos episódios mais emblemáticos e educativos da engenharia civil moderna. A catástrofe, que vitimou fatalmente 43 pessoas e paralisou o fluxo logístico de uma região portuária vital, gerando prejuízos econômicos que ultrapassaram a casa dos bilhões de euros, permanece como um sombrio e contínuo lembrete global.

O desastre evidenciou as consequências devastadoras da negligência prolongada na manutenção e da falha em interpretar sinais de fadiga e corrosão em infraestruturas críticas. Para a comunidade técnica, o evento reforçou a necessidade absoluta de protocolos de inspeção rigorosos, além da aplicação urgente de tecnologias avançadas de monitoramento, provando que o custo da prevenção, por mais elevado que pareça, é ínfimo quando comparado ao preço humano e social de um colapso estrutural.

No Brasil, a queda da ponte sobre o rio Moju, no Pará, em 2019, após a colisão de uma balsa, não só causou um enorme transtorno logístico, mas também expôs a vulnerabilidade de estruturas essenciais a eventos imprevistos, reforçando a necessidade de sistemas de proteção e monitoramento.

Imagem 1 - Ponte Morandi, Itália, após colapso.

Imagem 2 - Ponte sobre o rio Moju, no Pará, após colapso.

2.3. A Durabilidade do Concreto Armado e Fatores de Degradação

O concreto armado, material onipresente na construção de pontes devido à sua versatilidade, durabilidade e economia, é intrinsecamente robusto, mas não é imune à degradação. Sua longevidade, quando bem projetado e executado, pode exceder um século. A alta resistência à compressão do concreto, aliada à capacidade do aço de resistir à tração, cria um material compósito de performance excepcional.

Entretanto, ao longo de sua vida útil, ele é confrontado com uma miríade de fatores que contribuem para o surgimento de patologias. A degradação raramente tem uma causa única; ela é, na maioria das vezes, um processo sinérgico onde múltiplos fatores atuam simultaneamente, acelerando a deterioração. Estes podem ser agrupados em três grandes categorias:

Fatores Mecânicos:

Cargas de Tráfego: Cargas dinâmicas decorrentes do tráfego veicular, especialmente veículos pesados com excesso de carga. O aumento do volume de tráfego e do peso dos caminhões ao longo das décadas significa que muitas pontes antigas hoje suportam cargas muito superiores àquelas para as quais foram projetadas.

Fadiga: A aplicação cíclica e repetitiva de cargas (a passagem de milhares de veículos por dia) pode levar à fadiga dos materiais, mesmo que as cargas individuais estejam dentro dos limites de projeto.

Impactos: Colisões de veículos e embarcações ou o impacto de detritos em enchentes podem causar danos localizados severos.

Vibrações e Ações Dinâmicas: Ação do vento, sismos (em regiões aplicáveis) e a própria vibração do tráfego induzem esforços que contribuem para o desgaste.

Fatores Ambientais (Físico-Químicos):

Variações Térmicas: Variações térmicas diárias e sazonais que induzem tensões de dilatação e contração no material.

Ação da Água e Umidade: A água é o principal vetor para agentes agressivos. Ela percola pelos poros do concreto, transportando cloretos, sulfatos e dióxido de carbono.

Agentes Agressivos: A ação corrosiva da umidade e agentes agressivos presentes no ambiente, como cloretos em ambientes marinhos ou sais de degelo, e sulfatos em solos ou efluentes industriais.

Ataques Químicos: Poluição atmosférica (chuva ácida) ou efluentes industriais que podem atacar quimicamente a pasta de cimento.

Fatores Construtivos e de Projeto:

Falhas de Projeto: Detalhamento incorreto de armaduras, especificação inadequada de cobrimento ou falhas no projeto do sistema de drenagem.

Falhas de Execução: Má qualidade do concreto (traço inadequado, excesso de água), adensamento deficiente que gera "ninhos" ou "bicheiras", e cura inadequada que resulta em um concreto poroso e de baixa resistência.

A manutenção preventiva e corretiva surge, portanto, como uma medida profilática indispensável para mitigar esses efeitos e assegurar que essas estruturas cumpram sua vida útil de projeto, evitando colapsos catastróficos. A urgência é sublinhada pela **NBR 9452 - Inspeção de pontes, viadutos e passarelas de concreto**, que estabelece diretrizes claras para inspeções periódicas como a primeira e mais importante linha de defesa contra a degradação silenciosa.

2.4. Principais Causas e Mecanismos de Deterioração

As patologias observadas em pontes de concreto armado raramente resultam de uma única causa isolada. Geralmente, são o produto da interação complexa entre diversos fatores. A seguir, detalhamos os mecanismos de deterioração mais críticos.

2.4.1. A Carbonatação: O Inimigo Silencioso

A carbonatação é um dos mecanismos mais comuns e insidiosos de degradação. O concreto fresco possui alta alcalinidade (pH entre 12 e 13), criando uma camada passivadora de óxidos na superfície da armadura de aço, que a protege contra a corrosão.

O dióxido de carbono (CO_2) presente na atmosfera penetra lentamente nos poros do concreto. Em presença de umidade, ele reage com o hidróxido de cálcio ($Ca(OH)_2$), um dos produtos da hidratação do cimento, formando carbonato de cálcio ($CaCO_3$) e água. A reação química básica é:

$$Ca(OH)_2 + CO_2 \rightarrow CaCO_3 + H_2O$$

Componentes		
Substância	Nome Comum	Estado/Função
$Ca(OH)_2$	Cal hidratada ou cal extinta	Reagente (base forte)
CO_2	Gás carbônico	Reagente (gás ácido)
$CaCO_3$	Carbonato de cálcio (calcário)	Produto (sal insolúvel)
H_2O	Água	Produto

Tabela 1 - Componentes da reação química da carbonatação.

Essa reação consome a reserva alcalina do concreto, reduzindo seu pH para valores em torno de 8 a 9. Quando essa frente de carbonatação atinge a profundidade da armadura, a camada protetora passivadora é destruída. Na presença de oxigênio e umidade, o processo de corrosão do aço é iniciado.

O teste de fenolftaleína, como ilustrado na **Imagem 3**, é um método visual simples para verificar a profundidade da carbonatação. A solução de fenolftaleína fica rosa/púrpura em meios com pH alto (concreto são) e permanece incolor em meios com pH baixo (concreto carbonatado).

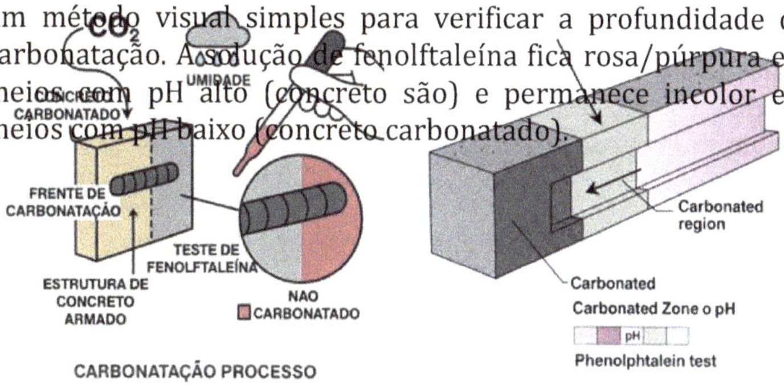

Imagem 3 - Teste de fenolftaleína.

2.4.2. Ataque por Cloretos: Corrosão Acelerada

Os íons cloreto (Cl−) são extremamente agressivos para as armaduras de aço. Diferentemente da carbonatação, que é um processo generalizado, os cloretos rompem a camada passivadora de forma localizada, mesmo em concreto com pH elevado, iniciando um processo de corrosão por pites (pitting), que é particularmente perigoso.

As principais fontes de cloretos são:

Ambientes Marinhos: A névoa salina (maresia) pode transportar cloretos por vários quilômetros adentro do continente.

Sais de Degelo: Utilizados em regiões de clima frio para derreter neve e gelo nas rodovias.

Aditivos com Cloretos: Aditivos aceleradores de pega à base de cloreto de cálcio, utilizados em construções antigas, podem ser uma fonte interna de contaminação.

Os íons cloreto penetram no concreto e, ao atingir uma concentração crítica na superfície da armadura, desestabilizam e destroem a camada passivadora, iniciando um processo de corrosão localizada, autocatalítico e acelerado, que pode levar a uma rápida perda de seção do aço.

2.4.3. Ciclos de Gelo-Degelo e Ataques Químicos

Ciclos de Gelo-Degelo: Em regiões com invernos rigorosos, a água que se infiltra nos poros e fissuras do concreto congela. Ao congelar, a água expande seu volume em cerca de 9%. Essa expansão gera pressões internas que podem exceder a resistência à tração do concreto, causando a formação de microfissuras. Com a repetição dos ciclos, essas fissuras progridem, levando à desagregação e ao lascamento superficial do material.

Ataques por Sulfatos: Sulfatos presentes no solo, em águas subterrâneas ou em efluentes industriais podem reagir com os compostos da pasta de cimento (principalmente o aluminato tricálcico, C_3A), formando produtos expansivos como a etringita. Essa expansão interna gera tensões que causam fissuração e deterioração do concreto.

Reação Álcali-Agregado (RAA): Uma reação expansiva que ocorre entre os álcalis do cimento e certos tipos de agregados reativos. A reação forma um gel sílico-alcalino que, ao absorver água, se expande e causa fissuração generalizada no concreto, tipicamente com um padrão de "mapa".

2.4.4. Falhas Construtivas e de Projeto

Muitas patologias têm sua origem antes mesmo de a ponte ser inaugurada.

Má Qualidade do Concreto: Erros na dosagem (relação água/cimento elevada), adensamento ineficiente ou cura inadequada são as causas mais comuns de um concreto de baixa performance, poroso e permeável, vulnerável a todos os tipos de ataque.

Cobrimento Insuficiente da Armadura: O cobrimento de concreto é a principal barreira física contra a entrada de agentes agressivos. Uma espessura de cobrimento inferior à especificada na norma **NBR 6118** é uma das principais causas de corrosão prematura da armadura.

Detalhes de Projeto Inadequados: A ausência ou mau dimensionamento de juntas de dilatação, detalhamento incorreto das armaduras em regiões críticas (como apoios e cantos) ou a falta de um sistema de drenagem eficiente podem induzir tensões não previstas e criar caminhos para a infiltração de água, acelerando a degradação.

2.5. Classificação das Patologias: Interpretando os Sinais

As manifestações patológicas são os "sintomas" da estrutura. Compreender e classificar esses sintomas é o primeiro passo para um diagnóstico preciso. A correta interpretação destes sintomas trará, de maneira consequente, a forma correta de recuperar ou reforçar a estrutura de modo a reabilitá-la.

2.5.1. Fissuras

As fissuras são as patologias mais comuns e visíveis. Sua geometria (direção, largura, profundidade) e localização fornecem pistas cruciais sobre sua causa. A seguir trataremos dos principais tipos de fissuras de modo a entendermos os processos pelos quais estes foram ou podem ser geradas.

Fissuras de Flexão: Típicas de vigas e lajes, surgem na região tracionada (geralmente na face inferior, no meio do vão). São perpendiculares ao eixo do elemento. Fissuras com aberturas excessivas podem indicar sobrecarga ou deficiência de armadura de tração. A **Figura 1.1** ilustra um mapa típico de fissuras em uma viga, onde a evolução da abertura ao longo do tempo pode ser monitorada.

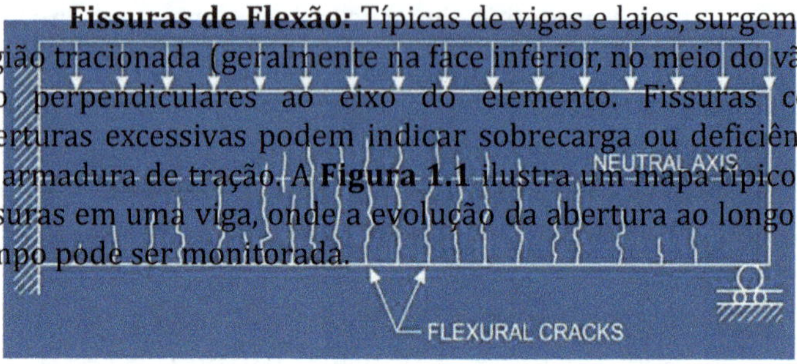

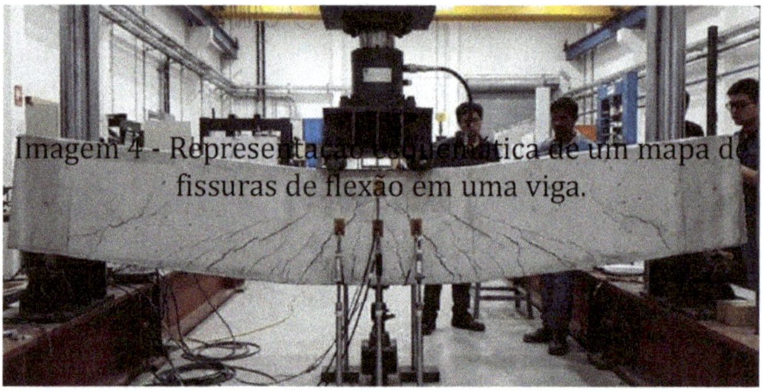

Imagem 4 - Representação esquemática de um mapa de fissuras de flexão em uma viga.

Imagem 5 - Viga de concreto armado sendo ensaiada à tração.

Fissuras de Cisalhamento: Apresentam-se inclinadas, tipicamente a 45° em relação ao eixo do elemento, e surgem em regiões de alto esforço cortante, como próximo aos apoios de vigas. São consideradas de alta periculosidade, pois podem indicar uma insuficiência da armadura transversal (estribos) e evoluir para uma ruptura frágil.

Fissuras por Retração Plástica: Superficiais, de pequena abertura e com padrão aleatório, lembrando um "mapa de aranha". Ocorrem nas primeiras horas após a concretagem devido à evaporação rápida da água. Embora geralmente não afetem a capacidade estrutural, servem como portas de entrada para agentes agressivos.

Fissuras de Corrosão: Caracterizam-se por serem paralelas à armadura, acompanhando seu traçado. São causadas pela pressão interna gerada pela expansão dos produtos de corrosão do aço, que pode ocupar um volume até 6 vezes maior que o do aço original. Essas fissuras são um sinal claro de corrosão em estágio avançado e frequentemente precedem o desplacamento do cobrimento, como visto na imagem 6.

Imagem 6 - Detalhe de armadura corroída com fissuração longitudinal e expulsão do cobrimento de concreto.

2.5.2. Degradação do Concreto e Corrosão das Armaduras

Eflorescências: Depósitos brancos de sais na superfície do concreto. Não são um dano estrutural em si, mas um sintoma claro de percolação de água através da estrutura, indicando alta permeabilidade ou fissuração.

Descamação ou Spalling: É a perda de camadas superficiais de concreto. Frequentemente, é a consequência final da corrosão da armadura, quando a pressão dos óxidos de ferro expulsa o cobrimento. Também pode ser causada por ciclos de gelo-degelo.

Corrosão da Armadura: É uma das patologias mais graves, pois ataca diretamente a capacidade resistente da estrutura.

Corrosão Generalizada: Reduz a área da seção transversal do aço de forma relativamente uniforme, diminuindo sua capacidade de resistir à tração.

Corrosão por Pites: Forma cavidades localizadas e profundas na barra de aço. É extremamente perigosa por criar concentradores de tensão que podem levar à ruptura frágil da armadura sem uma perda de massa significativa.

2.5.3. Problemas em Juntas e Apoios

Juntas e apoios são elementos vitais para o bom funcionamento da ponte, projetados para absorver movimentos, mas são pontos frequentes de patologias.

Juntas de Dilatação Danificadas: Juntas bloqueadas por detritos, com selantes deteriorados ou com o concreto adjacente danificado (**ver Figura 1.4**) impedem os movimentos de dilatação e contração da estrutura. Isso gera tensões internas não previstas que podem causar fissuras e danos em vigas e lajes. Além disso, juntas danificadas são um ponto preferencial de infiltração de água, que escorre sobre os pilares e vigas, acelerando sua degradação.

Imagem 7 - Exemplo de junta de dilatação danificada em ponte rodoviária, com falha do selante e deterioração do concreto adjacente.

Degradação dos Aparelhos de Apoio: Apoios de elastômero (neoprene) podem sofrer envelhecimento pela ação de raios UV e ozônio, resultando em endurecimento, fissuras e perda da capacidade de deformação. Deslocamentos excessivos, esmagamento ou extrusão do elastômero são sinais de que o apoio não está funcionando corretamente, o que pode comprometer a correta distribuição das cargas da superestrutura para a infraestrutura.

2.6. O Vício da Degradação: As Consequências da Inação

A não intervenção tempestiva nas patologias de pontes é um erro crítico com consequências progressivamente mais graves. A degradação segue um ciclo vicioso e exponencial, conforme ilustrado abaixo:

Estágio Inicial (Dano Leve): Uma pequena fissura ou um cobrimento baixo permitem a entrada de CO_2 e umidade. O custo do reparo (ex: selagem da fissura) é baixo.

Estágio Intermediário (Dano Moderado): A corrosão se inicia. Surgem as primeiras manchas de ferrugem e fissuras paralelas à armadura. A capacidade estrutural começa a ser afetada. O custo do reparo já é significativamente maior, exigindo a remoção do concreto deteriorado e tratamento da armadura.

Estágio Avançado (Dano Severo): Ocorre o desplacamento do cobrimento (spalling), com exposição e perda de seção da armadura. A redução da capacidade de carga é significativa. O reparo agora é complexo, caro e pode exigir reforço estrutural.

Estágio Crítico (Risco de Colapso): A perda de seção da armadura é crítica, ou uma fissura de cisalhamento se propaga perigosamente. A segurança está comprometida, podendo levar ao colapso súbito. A intervenção pode exigir a interdição total da ponte e custos de recuperação que se aproximam do custo de uma nova estrutura.

Ignorar um problema no Estágio 1 inevitavelmente leva a um problema muito maior e mais caro nos estágios seguintes.

2.7. Abordagem Preventiva e Corretiva: Uma Estratégia de Gestão

A gestão eficiente do patrimônio de pontes exige uma abordagem que combine estratégias preventivas e corretivas, fundamentada em dados e inspeções sistemáticas.

Inspeções Periódicas: São a pedra angular da gestão de manutenção. Conforme a **NBR 9452**, inspeções visuais rotineiras devem ser realizadas a cada um ou dois anos, dependendo da importância e condição da estrutura. Pontes em ambientes agressivos, com histórico de problemas ou tráfego pesado, exigem uma frequência maior. Elas permitem a detecção precoce de anomalias, possibilitando ações de baixo custo.

Monitoramento Contínuo: Para estruturas de grande importância ou que já apresentam patologias preocupantes, a instalação de sensores (IoT) para monitoramento contínuo de deformações, vibrações ou da taxa de corrosão é uma tendência crescente e eficaz. Essa abordagem permite uma manutenção preditiva, baseada no comportamento real da estrutura. Trata-se de um sistema sofisticado, que não será abordado neste livro devido à falta de vivência do autor com esse tipo de monitoramento.

Intervenções Tempestivas: A informação coletada nas inspeções e no monitoramento deve subsidiar um plano de ação. Agir rapidamente para reparar patologias incipientes é sempre mais seguro e econômico do que postergar a intervenção

Planejamento de Vida Útil: A manutenção deve ser parte de um planejamento de longo prazo, considerando a vida útil de projeto e os ciclos de intervenção necessários para garanti-la, permitindo uma alocação orçamentária eficiente e evitando surpresas.

2.8. Considerações Finais do Capítulo

Este capítulo introdutório estabeleceu a base para a compreensão das patologias em pontes de concreto armado. Ficou claro que essas estruturas, embora robustas, estão em um processo contínuo de degradação influenciado por uma complexa interação de fatores mecânicos, ambientais e construtivos. Demonstramos que a negligência na manutenção leva a um ciclo vicioso de danos crescentes, com graves consequências econômicas, sociais e, no limite, para a vida humana.

O entendimento aprofundado das causas, dos mecanismos e das manifestações visuais das patologias é o primeiro e mais fundamental passo para uma gestão eficaz.

Com esta base estabelecida, os próximos capítulos se aprofundarão nas ferramentas e metodologias práticas.

Capítulo 3

Vistoria em Campo – Metodologias e Técnicas de Inspeção

Introdução

A inspeção em campo é o coração de qualquer processo de avaliação de uma ponte. É o momento em que o engenheiro ou técnico estabelece um contato direto com a estrutura, aplicando seu conhecimento e seus sentidos para "dialogar" com o concreto e o aço, buscando decifrar os sinais de desgaste, envelhecimento e doença que a estrutura manifesta. Uma inspeção bem-executada é a base para um diagnóstico preciso e, consequentemente, para uma intervenção eficaz e econômica. De nada adianta dominar as mais sofisticadas técnicas de reparo se a identificação da patologia, sua causa e sua extensão forem equivocadas.

Este capítulo é um guia prático para a execução de vistorias de campo em pontes de concreto armado. Abordaremos desde o planejamento prévio e os protocolos de segurança até as metodologias de inspeção visual sistemática para cada elemento da ponte, o uso de ferramentas essenciais e a importância de uma documentação rigorosa. O objetivo é capacitar o profissional a coletar dados de alta qualidade, que serão a matéria-prima para a análise e o diagnóstico discutidos nos capítulos subsequentes.

3.1. Planejamento e Segurança da Inspeção

Uma inspeção de sucesso começa muito antes de se colocar os pés na obra. Um planejamento cuidadoso é fundamental para otimizar o tempo em campo, garantir a segurança da equipe e maximizar a qualidade dos dados coletados.

3.1.1. Análise da Documentação Existente

Antes da visita, o inspetor deve reunir e analisar toda a documentação disponível sobre a ponte. Isso inclui:

Projeto Original e "As-Built": O projeto "como construído" é a referência primordial, pois representa a configuração real da estrutura após a construção. A análise desses documentos permite conhecer o tipo estrutural, as dimensões dos elementos, o detalhamento das armaduras e as especificações dos materiais.

Relatórios de Inspeções Anteriores: A comparação com laudos passados é crucial para identificar a evolução das patologias. Uma fissura que aumentou sua abertura de 0,2 mm para 0,6 mm em dois anos indica um processo ativo e preocupante.

Histórico de Intervenções: Relatórios de reparos ou reforços prévios fornecem informações valiosas sobre o comportamento histórico da estrutura e as áreas que já demandaram atenção.

Dados de Tráfego e Ambientais: Conhecer o volume e o tipo de tráfego (VDM - Volume Diário Médio), bem como as condições ambientais (proximidade do mar, poluição industrial), ajuda a contextualizar as patologias encontradas.

3.1.2. Planejamento Logístico

O planejamento logístico envolve a definição da equipe, dos equipamentos necessários e dos meios de acesso a todos os elementos da ponte. É preciso questionar:

- Será necessário um barco para inspecionar os pilares submersos?
- É preciso um caminhão com plataforma elevatória (cesto aéreo) para acessar a parte inferior das vigas?
- A inspeção exigirá técnicas de acesso por corda (alpinismo industrial)?

Definir esses pontos previamente evita surpresas e garante que a inspeção seja completa.

3.1.3. Protocolos de Segurança (Segurança em Primeiro Lugar)

A inspeção de pontes envolve riscos inerentes, como trabalho em altura, proximidade de tráfego em alta velocidade e acesso a ambientes confinados ou sobre a água. A segurança da equipe é inegociável.

Equipamentos de Proteção Individual (EPI): O uso de capacete, botas de segurança, óculos de proteção e colete de alta visibilidade é o mínimo obrigatório. Dependendo do local, podem ser necessários cintos de segurança tipo paraquedista, coletes salva-vidas e outros equipamentos específicos.

Sinalização e Controle de Tráfego: A inspeção não pode colocar em risco os usuários da via. É fundamental planejar em conjunto com o órgão responsável (como DER ou DNIT) um esquema de sinalização e, se necessário, interdição parcial de faixas para garantir uma zona de trabalho segura.

Análise Preliminar de Riscos (APR): Antes de iniciar os trabalhos, a equipe deve realizar uma APR para identificar todos os perigos potenciais (tráfego, animais peçonhentos, condições climáticas adversas, risco de queda de material) e estabelecer medidas de controle.

3.2. Tipos de Inspeção Conforme a Norma ABNT NBR 9452

A norma ABNT NBR 9452:2019 - Inspeção de pontes, viadutos e passarelas de concreto - Procedimento é o documento de referência que padroniza as inspeções no Brasil. Ela estabelece as metodologias, a frequência e a terminologia para os diferentes tipos de vistoria. As inspeções são classificadas principalmente em quatro tipos:

3.2.1. Inspeção Cadastral

É a "certidão de nascimento" da ponte no sistema de gestão. Realizada uma única vez, seu objetivo é coletar todas as informações gerais e geométricas da estrutura para criar uma ficha de cadastro. Inclui dados como nome, localização, ano de construção, tipo estrutural, dimensões (comprimento, largura, vãos), materiais, além de um primeiro registro fotográfico completo. Esta inspeção serve como linha de base para todas as futuras vistorias.

3.2.2. Inspeção Rotineira

É a inspeção visual mais frequente, constituindo a espinha dorsal da manutenção preventiva.

Objetivo: Identificar o surgimento de novas patologias ou a evolução de anomalias já conhecidas. É uma inspeção essencialmente sensorial (visual, auditiva, tátil).

Frequência: Geralmente anual, podendo ter o prazo estendido para até dois anos para estruturas em boas condições e sem importância estratégica, ou reduzido para semestral em casos de pontes críticas ou em ambientes muito agressivos.

Escopo: Realizada de forma expedita, muitas vezes com acesso visual a distância (com uso de binóculos) para a maioria dos elementos, e acesso direto apenas a pontos específicos. O inspetor procura por mudanças óbvias: novas fissuras, manchas de umidade, juntas obstruídas, danos por impacto, etc.

3.2.3. Inspeção Especial

Esta inspeção é motivada por uma necessidade específica e não segue uma periodicidade fixa.

Objetivo: Avaliar a fundo uma anomalia grave detectada na inspeção rotineira, ou verificar as condições da estrutura após um evento excepcional.

Gatilhos:

- Detecção de um dano considerado grave (ex: fissura de cisalhamento, corrosão avançada).
- Após eventos extremos como enchentes (para verificar socavação das fundações), sismos ou colisões de veículos/embarcações.
- Necessidade de avaliação estrutural para passagem de carga especial com peso excessivo.

Escopo: É uma inspeção detalhada e minuciosa de toda a estrutura ou de partes específicas dela. Geralmente envolve o uso de equipamentos de acesso (plataformas, barcos) e a realização de ensaios não destrutivos (END) preliminares.

3.2.4. Inspeção Extraordinária

É o nível mais aprofundado de investigação, sendo parte de um estudo detalhado de diagnóstico ou de um projeto de recuperação/reforço.

Objetivo: Fornecer um diagnóstico completo e definitivo sobre a segurança, durabilidade e capacidade de carga da ponte.

Escopo: Envolve uma equipe multidisciplinar e um plano de investigação robusto, que geralmente inclui:

- Análise detalhada do projeto e do histórico.
- Inspeção visual completa de todos os elementos.
- Uso extensivo de Ensaios Não Destrutivos (END).
- Realização de Ensaios Destrutivos ou Semidestrutivos, como a extração de testemunhos de concreto.
- Elaboração de uma análise estrutural (recálculo) ou modelagem numérica avançada.

A seguir veremos, sequencialmente o formulário padrão do DNIT para inspeções em Obras de Arte Especiais.

Conforme o Resumo da Referida norma: *"Esta Norma estabelece o procedimento para a realização de inspeções em pontes e viadutos rodoviários, bem como em passarelas de pedestres, para fins de alimentação do Sistema de Gerenciamento de Estruturas – SGE do Departamento Nacional de Infraestrutura de Transportes – DNIT. A norma trata do planejamento, do procedimento e da apresentação dos resultados das inspeções, fixando os diversos tipos, suas especificidades e frequências de realização."*

Anexo A (normativo) – Ficha de inspeção cadastral de pontes, viadutos ou passarelas

1. Identificação

DADOS BÁSICOS			Data da Inspeção / /
Código da Estrutura	Nome		
Comprimento (m)	Largura (m)	Trem-Tipo	Ano de Construção
LOCALIZAÇÃO			
UF	Local na via (km)	Cidade Próx	
Rodovia: BR	Código SNV	Versão SNV	
COORDENADAS GEOGRÁFICAS			
Latitude	Longitude	Altitude (m)	
RESPONSÁVEIS			
Superintendência Regional	Projetista		
	Construtor		
Administração DNIT? Sim Não	Administrador (Em caso de Não ser administração DNIT)		
DOCUMENTOS			
Local: Projeto			
Local: Doc. Construção			
Local: Doc. Diversos			
INSPEÇÃO			
Período (anos):	Equipamento Necessário		
Melhor Época Inicial (em meses):	Melhor Época Final (em meses)		

/Anexo A (continuação)

NOTA 1: os códigos, os tipos de estruturas, sistemas construtivos, elementos, danos, aspectos especiais, deficiências funcionais, insuficiências estruturais e causas prováveis constam na documentação do Sistema de Gerenciamento de Estruturas - SGE/DNIT

2. Características funcionais

CARACTERÍSTICAS			
Atendimento ao SNV: Em serviço / Demolida / Inconclusa / Inservível		Tipo de Região: Plana / Montanhosa / Ondulada	
Tipo de Traçado: Curva / Tangente	Rampa Máxima (°)	Raio da Curva (m):	
DIMENSÕES			
Nº de Faixas:	Acostamento Direito (m)	Calçada Direita (m)	Tramo 1, Tramo 2, Tramo *n*
Largura da Faixa (m):	Acostamento Esquerdo (m)	Calçada Esquerda (m)	
Gabarito Horizontal (m):	Largura da Pista Antes da Estrutura (m)		
Gabarito Vertical (m):	Largura da Pista Depois da Estrutura (m)		
CARACTERIZAÇÃO DOS TRAMOS			Nº de Tramos

Tramo	Tipo de Estrutura	Sistema Construtivo	Extensão (m)	Altura Mínima (m)	Altura Máxima (m)	Continuidade c/ Próximo Tramo

/Anexo A (continuação)

NOTA 1: os códigos, os tipos de estruturas, sistemas construtivos, elementos, danos, aspectos especiais, deficiências funcionais, insuficiências estruturais e causas prováveis constam na documentação do Sistema de Gerenciamento de Estruturas - SGE/DNIT

3. Elementos componentes

CARACTERIZAÇÃO DOS ELEMENTOS					Nº do Tramo:	
Família de Elementos	Detalhe	Elemento Individual	Comprimento (m)	Largura (m)	Altura (m)	Espessura (cm)

_______________/Anexo A (continuação)

NOTA 2: repetir esta página para cada tramo da estrutura

4. Aspectos especiais

CÓDIGOS											

5. Deficiências funcionais

CÓDIGOS											

6. Rotas alternativas

ROTAS ALTERNATIVAS	☐ Existe ☐ Não Existe
Descrição da Rota Alternativa:	Acréscimo de Distância (km):

7. Substituição

PROJETO DE SUBSTITUIÇÃO	☐ Existe Projeto ☐ Não Existe Projeto
Custo Estimado (R$):	Processo SEI:
Observações:	

_______________/Anexo A (continuação)

8. **Esquemas / croquis**

ESQUEMA LONGITUDINAL	
SEÇÃO TRANSVERSAL	
Meio do Tramo	Apoio
DETALHES ADICIONAIS	

/Anexo A (continuação)

9. **Observações**

OBSERVAÇÕES

/Anexo B

Anexo B (normativo) – Ficha de inspeção rotineira expedita de pontes, viadutos ou passarelas

1. Dados básicos

Data da inspeção: / /
Observação:

2. Nota técnica

Nº do Tramo:			
Região	Família de Elementos	Elemento Individual	Nota Técnica

_______________/Anexo B (continuação)

NOTA 3: repetir esta página para cada tramo da estrutura.

3. Danos aos Elementos

Nº do Tramo:										
Região	Família de Elementos	Elemento Individual	Dano	Quant.	Localização	Coord. X	Coord. Y	Coord. Z	Extensão Relativa	Estado de Condição

_______________/Anexo B (continuação)

NOTA 3: repetir esta tabela para cada tramo da estrutura.

4. Insuficiências estruturais

Nº do Tramo:				
Região	Família de Elementos	Elemento Individual	Insuficiência Estrutural	Causa Provável

_______________/Anexo B (continuação)

NOTA 3: repetir esta tabela para cada tramo da estrutura

5. Laudo Especializado

Data do Laudo: / /
Laudo:

_______________/Anexo C

Anexo C (normativo) – Instrução para atribuição das notas de avaliação

(Para a avaliação de estruturas, conforme Sistema SGE do DNIT)

Será atribuída a cada elemento componente uma nota de avaliação, variável de 1 a 5, a qual refletirá a maior ou menor gravidade dos problemas existentes no elemento. O Quadro a seguir correlaciona essa nota com a categoria dos problemas detectados no elemento.

NOTA	DANOS NO ELEMENTO / INSUFICIÊNCIA ESTRUTURAL	AÇÃO CORRETIVA	CONDIÇÕES DE ESTABILIDADE	CLASSIFICAÇÃO DAS CONDIÇÕES DOS ELEMENTOS
5	Não há danos nem insuficiência estrutural.	Nada a fazer.	Excelente	Estrutura sem problemas.
4	Há alguns danos, mas não há sinais de que estejam gerando insuficiência estrutural.	Nada a fazer, apenas serviços de manutenção.	Boa	Estrutura sem problemas importantes.
3	Há danos gerando alguma insuficiência estrutural, mas não há sinais de comprometimento da estabilidade da estrutura.	A recuperação da estrutura pode ser postergada, devendo-se, porém, neste caso, colocar-se o problema em observação sistemática.	Regular	Estrutura potencialmente problemática: recomenda-se acompanhar a evolução dos problemas através de inspeções rotineiras, para detectar, em tempo hábil, um eventual agravamento da insuficiência estrutural.
2	Há danos gerando significativa insuficiência estrutural na estrutura, porém não há ainda, aparentemente, um risco tangível de colapso estrutural.	A recuperação (geralmente com reforço estrutural) da estrutura deve ser feita a curto prazo.	Ruim	Estrutura problemática: postergar demais a recuperação da estrutura pode levá-la a um estado crítico, implicando também sério comprometimento da vida útil da estrutura. Inspeções intermediárias[1] são recomendáveis para monitorar os problemas.
1	Há danos gerando grave insuficiência estrutural na estrutura; o elemento em questão encontra-se em estado crítico, havendo um risco tangível de colapso estrutural.	A recuperação (geralmente com reforço estrutural) – ou em alguns casos substituição da estrutura – deve ser feita sem tardar.	Crítica	Estrutura crítica: em alguns casos pode configurar uma situação de emergência, podendo a recuperação da estrutura ser acompanhada de medidas preventivas especiais, tais como: restrição da carga na estrutura, interdição total ou parcial ao tráfego, escoramentos provisórios, instrumentação com leituras contínuas de deslocamentos e deformações etc.

(1) Inspeções Intermediárias, no presente contexto, significa novas Inspeções a intervalos de tempo inferiores aos normais.

Obs.: a nota final da estrutura será calculada por meio do Sistema de Gerência de Estruturas (SGE), após o lançamento da inspeção. Alternativamente, a nota final da estrutura poderá ser considerada como a menor dentre as notas recebidas pelos seus elementos com função estrutural.

_______________/Anexo D

Anexo D (normativo) – Estado de condição

Registro dos danos

Durante a inspeção rotineira, devem ser registrados todos os danos, cada um relacionado ao elemento em que foi encontrado. Dessa forma, todos os danos encontrados durante a inspeção serão registrados, permitindo uma avaliação pormenorizada por parte do inspetor e, posteriormente, pela gerência de estruturas.

O registro deve conter, além do tipo do dano, sua extensão relativa e sua severidade. A severidade permite a caracterização em linguagem precisa para cada estado de condição definido, e tem importância para a definição dos serviços viáveis para cada dano constatado. A extensão relativa permite a alocação do dano entre os estados de condição, permitindo a estimativa de custos para a execução dos serviços.

Atribuição dos Estados de Condição aos danos

A cada dano caberá um Estado de Condição - EC, que refletirá a sua extensão relativa e a sua severidade. A Tabela D1, que se trata de um modelo genérico, exemplifica o enquadramento dos danos em um dos estados de condição. Demais tabelas, para os diversos elementos da estrutura, constaram na documentação do Sistema de Gerenciamento de Estruturas - SGE/DNIT.

Tabela D1 – enquadramento dos danos por EC.

Estado de condição - EC	Ocorrência
4 Bom	Dano irrisório ou dano não encontrado.
3 Razoável	O dano não afeta o desempenho do elemento e/ou já foram aplicadas medidas para impedir seu avanço.
2 Ruim	O dano não afeta o desempenho do elemento, mas afeta a vida útil do elemento, sem necessidade de avaliação estrutural.
1 Severo	Requer uma avaliação estrutural para avaliar o efeito na resistência ou funcionalidade do elemento ou da estrutura.

A alteração de um EC para outro ocorre se um ou mais dos itens abaixo forem atendidos:

- A transição de um EC para outro implica em alteração na lista de serviços de manutenção viáveis;
- A transição de um EC para outro implica em alteração significativa de custos dos serviços de manutenção viáveis;
- A transição de um EC para outro implica em alteração significativa na taxa de deterioração.

Assim, cada dano, subsidiado pela sua severidade e extensão relativa, será classificado com um Estado de Condição - EC.

______________/Anexo E

3.3. Guia de Inspeção Visual por Elemento Estrutural

A inspeção visual sistemática é uma arte que combina conhecimento técnico com um olhar treinado. O inspetor deve seguir uma rotina, um caminho lógico, para garantir que nenhum elemento seja esquecido. A seguir, detalhamos o que observar em cada parte da ponte, utilizando a estrutura da norma DNIT 010/2024.

3.3.1. Superestrutura: Tabuleiro e Laje

O tabuleiro é a superfície que recebe diretamente a carga dos veículos. A inspeção deve ser feita tanto na parte superior (pista de rolamento) quanto na inferior.

Pavimento: Procurar por buracos, panelas, afundamentos (sinal de problemas na laje subjacente) e fissuras (longitudinais, transversais, tipo "bloco de jacaré").

Laje (face inferior): Este é um dos locais mais reveladores.

Fissuras: Mapear todas as fissuras, medindo sua abertura e comprimento. Diferenciar fissuras de flexão (transversais ao tráfego, no meio do vão) de fissuras de cisalhamento (inclinadas, perto das vigas).

Manchas de Umidade e Eflorescências: São os "rastros" da água. Indicam fissuras, juntas com problemas ou falhas na impermeabilização. Anotar sua localização e extensão.

Descamação (Spalling) e Armaduras Expostas: Procurar por áreas onde o cobrimento de concreto caiu. Se a armadura estiver exposta, verificar seu estado de corrosão (leve, moderada, severa, com perda de seção). Bater levemente com um martelo em áreas suspeitas pode revelar som oco, indicando delaminação (descolamento) do cobrimento.

Juntas de Dilatação: Inspecionar cada junta em toda a sua largura.

Deterioração: O selante está ressecado, rompido ou ausente?

Bloqueio: Há acúmulo de detritos, terra ou vegetação que impeça o movimento da junta?

Danos no Concreto Adjacente: Verificar se há lascamentos ou quebras nas bordas da junta.

Guarda-Corpos e Barreiras: Checar a integridade, a fixação na laje e a presença de danos por impacto.

3.3.2. Superestrutura: Vigas e Longarinas

As vigas são os principais elementos de sustentação do tabuleiro.

Corpo da Viga:

Fissuras de Flexão: Procurar por fissuras verticais na face inferior e nas laterais inferiores, principalmente no terço central do vão.

Fissuras de Cisalhamento: Procurar por fissuras inclinadas a aproximadamente 45° próximo aos apoios. São fissuras críticas que exigem atenção imediata.

Corrosão e Descamação: Inspecionar as faces e cantos inferiores em busca de manchas de corrosão, fissuras longitudinais (seguindo a armadura) e desplacamento do cobrimento. Prestar atenção especial nos estribos (armadura transversal), cuja corrosão é crítica para o cisalhamento.

Ligação Viga-Laje: Verificar a interface entre a viga e a laje em busca de fissuras horizontais que possam indicar problemas na transferência de esforços.

3.3.3. Infraestrutura: Pilares e Pôrticos

Os pilares transmitem as cargas da superestrutura para as fundações.

Corpo do Pilar:

Danos por Impacto: A base dos pilares próximos a rodovias ou cursos d'água navegáveis é vulnerável a colisões. Procurar por lascamentos, armaduras expostas ou deformações.

Fissuras e Corrosão: Inspecionar todas as faces em busca de fissuras verticais (podem indicar compressão excessiva), manchas de umidade e corrosão, especialmente na "zona de respingo" (splash zone), onde há variação do nível da água, uma área de altíssima agressividade.

Segregação e Ninhos de Concretagem: Procurar por "bicheiras" ou áreas com falhas de concretagem, que são pontos de baixa resistência e alta permeabilidade.

Aparelhos de Apoio: Elementos críticos que fazem a transição entre viga e pilar.

Apoios de Elastômero: Verificar se há esmagamento, extrusão lateral, fissuras ou descolamento das placas de aço (se houver).

Apoios Metálicos (Antigos): Procurar por corrosão, falta de lubrificação e bloqueio de movimento.

3.3.4. Infraestrutura: Fundações e Encontros

A inspeção das fundações muitas vezes é limitada pela água ou pelo solo, mas é crucial.

Blocos e Sapatas (se visíveis): Verificar a integridade do concreto (fissuras, desagregação).

Erosão (Socavação): O principal problema em fundações de pontes sobre rios. Verificar se o leito do rio ao redor da base dos pilares e encontros foi erodido pela correnteza. A socavação pode expor e reduzir a capacidade de suporte das estacas ou sapatas, sendo uma causa comum de colapsos.

Encontros (Transição Ponte-Aterro): Inspecionar a parede do encontro em busca de fissuras, deformações e manchas de umidade. Verificar a transição entre a laje da ponte e o pavimento do acesso; um desnível (degrau) pode indicar recalque do aterro.

3.3.5. Elementos Diversos

Sistema de Drenagem: Verificar se os bueiros e grelhas no tabuleiro estão limpos e desobstruídos. A água que não é drenada corretamente fica empoçada, infiltrando-se na estrutura. Seguir o caminho das tubulações de drenagem e verificar se elas não estão despejando água diretamente sobre as vigas ou pilares.

Taludes e Arredores: Observar a estabilidade dos taludes de acesso e a presença de vegetação de grande porte cujas raízes possam danificar a estrutura.

3.4. Ferramentas de Inspeção em Campo

Além de olhos treinados e conhecimento técnico, o inspetor utiliza uma série de ferramentas para quantificar e registrar as patologias.

3.4.1. Ferramentas Básicas de Medição e Verificação

Câmera Fotográfica: Essencial. Uma câmera de boa resolução é indispensável para o registro fotográfico detalhado, que será discutido no Capítulo 4.

Fissurômetro ou Lupa Graduada: Instrumento simples e crucial para medir a largura das fissuras com precisão.

Trena (metálica e a laser): Para medir dimensões de elementos, comprimentos de fissuras e áreas de dano.

Martelo de Percussão (Geólogo): Usado para percussão sônica. Ao bater levemente na superfície do concreto, o som produzido pode indicar a qualidade do material. Um som "chocho" ou oco indica áreas delaminadas ou com vazios internos.

Binóculos: Para inspecionar visualmente áreas de difícil acesso, como o topo de pilares altos ou a parte inferior de vigas em vãos extensos.

Lanterna Potente: Fundamental para inspecionar áreas escuras, como o interior de vãos-caixão ou faces de elementos sob a sombra da própria ponte.

Prumo e Nível: Para verificar a verticalidade de pilares e o alinhamento de elementos.

3.4.2. Tecnologias Avançadas para Inspeção Visual

Drones (Veículos Aéreos Não Tripulados - VANTs): Revolucionaram a inspeção de pontes. Permitem obter imagens e vídeos de alta resolução de locais de acesso perigoso, caro ou demorado, como as faces externas de pilares altos, a parte inferior de vãos sobre rios caudalosos ou áreas de difícil aproximação. Reduzem a necessidade de plataformas elevatórias e andaimes, aumentando a segurança e a eficiência.

Fotogrametria: Técnica que utiliza centenas ou milhares de fotos sobrepostas (geralmente capturadas por drones) para criar, com o auxílio de software, um modelo 3D digital e texturizado da ponte. Esse "gêmeo digital" permite realizar medições precisas de dimensões, áreas de dano e até mesmo o monitoramento de deformações ao longo do tempo, comparando modelos de diferentes épocas.

3.5. A Importância da Documentação Sistemática em Campo

A inspeção só tem valor se os dados coletados forem registrados de forma clara, sistemática e inequívoca. Uma memória fotográfica ou anotações vagas não são suficientes.

Fichas de Inspeção: É fundamental utilizar fichas padronizadas, como o modelo apresentado no norma DNIT 010/2024. O preenchimento sistemático garante que nenhum item seja esquecido e padroniza a coleta de dados entre diferentes equipes e inspeções. Hoje, é comum o uso de tablets com aplicativos que já integram a ficha, o registro fotográfico e a localização (GPS).

Croquis e Mapas de Danos: Desenhar croquis em campo é uma prática excelente. Um simples esboço da elevação de uma viga ou da planta de um pilar, com a marcação da localização exata e das dimensões das patologias, é extremamente valioso para a elaboração do relatório final. Cada patologia deve receber um código único (ex: F-V2-01 para a Fissura 1 na Viga 2) que corresponda à ficha, ao croqui e à fotografia.

Registro Fotográfico Padronizado: As fotografias devem seguir um padrão:

- **Foto de Localização:** Uma foto de longe, mostrando o elemento inteiro (ex: o pilar P3 completo) para dar contexto.
- **Foto de Aproximação:** Uma foto mais próxima, mostrando a patologia no elemento.
- **Foto de Detalhe:** Um close-up da patologia, sempre com uma escala de referência (uma trena ou um objeto de dimensão conhecida) ao lado, para que se possa ter noção do tamanho real do dano.

A correta identificação e referenciamento de cada foto é crucial. Uma imagem sem legenda, data e localização tem pouco ou nenhum valor técnico.

3.6. Considerações Finais do Capítulo

Este capítulo demonstrou que a inspeção em campo é uma atividade técnica complexa que exige planejamento, rigor metodológico e um olhar atento aos detalhes. Abordamos a importância da preparação e da segurança, os diferentes níveis de inspeção normatizados pela NBR 9452, e um guia detalhado sobre o que procurar em cada elemento da ponte. Discutimos também as ferramentas que auxiliam o inspetor, das mais simples às mais tecnológicas.

A vistoria em campo gera um volume imenso de dados brutos: anotações, medições e fotografias. Esses dados são os sintomas da saúde da estrutura. O próximo passo, e o grande desafio da engenharia diagnóstica, é processar e interpretar esses sintomas para descobrir suas causas fundamentais.

O próximo capítulo, "Diagnóstico Técnico-Científico", mergulhará nas técnicas e ensaios utilizados para transformar as observações de campo em um diagnóstico robusto e conclusivo, fundamentando as decisões sobre as futuras intervenções de recuperação e reforço.

Capítulo 4
Diagnóstico Técnico-Científico

Introdução

Se a inspeção de campo, detalhada no Capítulo 3, pode ser comparada à anamnese e ao exame físico de um paciente, o diagnóstico técnico-científico corresponde aos exames laboratoriais e de imagem. É a fase em que as hipóteses levantadas pelo inspetor são investigadas e comprovadas (ou refutadas) por meio de ensaios e tecnologias específicas. As fissuras observadas são apenas superficiais ou indicam um problema estrutural profundo? A mancha na superfície do concreto é um problema estético ou o sintoma de uma corrosão ativa e perigosa da armadura?

Responder a essas perguntas com um alto grau de certeza é o objetivo do diagnóstico. Uma intervenção de reparo baseada em um diagnóstico equivocado não apenas representa um desperdício de recursos, mas também pode falhar em resolver o problema real, mascarando-o temporariamente e permitindo que a degradação continue de forma oculta, o que pode levar a consequências ainda mais graves no futuro.

Este capítulo mergulha no arsenal de ferramentas investigativas disponíveis para o engenheiro diagnosticista. Abordaremos os principais Ensaios Não Destrutivos (END), que permitem avaliar a estrutura sem danificá-la, os ensaios semidestrutivos e destrutivos, que fornecem informações quantitativas precisas sobre os materiais, e o papel da análise estrutural na avaliação da segurança global da ponte. O objetivo é construir um quadro completo e fidedigno do estado de saúde da estrutura, fundamentando todas as decisões que virão a seguir.

4.1. O Processo de Diagnóstico: Da Hipótese à Comprovação

O diagnóstico é um processo lógico e investigativo que se desenrola em etapas bem definidas:

Observação e Levantamento de Dados (Capítulo 2): A fase de inspeção visual, onde os "sintomas" (fissuras, manchas, deformações, etc.) são identificados, mapeados e quantificados.

Formulação de Hipóteses: Com base nos dados de campo e no conhecimento técnico, o engenheiro formula hipóteses sobre as possíveis causas das patologias. Por exemplo: "As fissuras de flexão com abertura excessiva na viga V2 podem ser causadas por sobrecarga de tráfego ou por uma deficiência na armadura de tração. A corrosão no pilar P3 é provavelmente devida à carbonatação avançada, dado o ambiente urbano e a idade da ponte."

Seleção dos Métodos de Investigação: Com as hipóteses em mãos, seleciona-se o conjunto de ensaios mais adequados para confirmá-las. Para o exemplo acima, poderíamos planejar: ensaios com pacômetro para verificar a armadura da viga V2, ensaios de potencial de corrosão e medição da profundidade de carbonatação com fenolftaleína no pilar P3.

Execução dos Ensaios e Análise dos Resultados: Os ensaios são realizados em campo e/ou em laboratório. Os resultados brutos são coletados e processados.

Diagnóstico Final: Os resultados dos ensaios são correlacionados entre si e com as observações de campo para se chegar a uma conclusão definitiva sobre as causas, a extensão e a gravidade das patologias. Este diagnóstico final é a base para o relatório técnico e para o projeto de recuperação.

4.2. Ensaios Não Destrutivos (END)

Os Ensaios Não Destrutivos são técnicas que permitem obter informações sobre as propriedades e a integridade do concreto e da armadura sem causar danos à estrutura. São ferramentas de diagnóstico poderosas, rápidas e com um custo relativamente baixo.

4.2.1. Esclerometria (Martelo de Schmidt)

Princípio: O ensaio consiste em projetar uma massa contra a superfície do concreto com uma energia de impacto conhecida e medir o seu recuo ("índice esclerométrico"). O recuo é proporcional à dureza superficial do concreto, que por sua vez pode ser correlacionada empiricamente com a sua resistência à compressão.

Aplicação: É utilizado para uma avaliação preliminar e rápida da homogeneidade do concreto em uma estrutura. Permite identificar áreas com concreto de qualidade inferior ou deteriorado (por lixiviação, ataques químicos, etc.) e selecionar locais para a extração de testemunhos.

Procedimento: Realiza-se uma série de impactos (geralmente entre 9 e 12) em uma malha sobre a área a ser avaliada. Os valores obtidos são processados estatisticamente para se obter um índice esclerométrico médio.

Interpretação e Limitações: O resultado é um valor de resistência estimado, não um valor real. A leitura é influenciada por diversos fatores, como a presença de armaduras próximas, a umidade, a carbonatação da superfície e o tipo de agregado. Portanto, não deve ser usado como único método para determinar a resistência do concreto, mas sim como uma ferramenta comparativa para avaliar a uniformidade do material. A norma de referência é a ABNT NBR 7584.

4.2.2. Ultrassom (Velocidade de Pulso Ultrassônico)

Princípio: O ensaio mede o tempo que um pulso de ondas ultrassônicas leva para viajar entre um transdutor emissor e um receptor, posicionados em faces opostas (transmissão direta) ou na mesma face (transmissão indireta) do elemento de concreto. Sabendo-se a distância entre os transdutores, calcula-se a velocidade do pulso (V=d/t).

Aplicação: A velocidade da onda é diretamente relacionada à densidade e aos módulos de elasticidade do concreto. Velocidades mais altas indicam um concreto de melhor qualidade, mais compacto e homogêneo. É uma técnica excelente para:

- Detectar vazios internos, ninhos de concretagem e falhas de injeção em reparos.
- Mapear a profundidade e extensão de fissuras.
- Avaliar danos causados por fogo ou ataques químicos.
- Monitorar o ganho de resistência do concreto ao longo do tempo.

Procedimento: As superfícies de contato devem ser preparadas para garantir um bom acoplamento acústico, geralmente com o uso de um gel ou graxa.

Interpretação: A interpretação é geralmente qualitativa, baseada em critérios comparativos. Por exemplo, segundo o ACI 228.1R, velocidades acima de 4.500 m/s indicam concreto de excelente qualidade, enquanto valores abaixo de 2.000 m/s sugerem um concreto de qualidade muito ruim. A norma brasileira para o procedimento é a ABNT NBR 16746.

4.2.3. Pacometria (Detector de Armaduras)

Princípio: O pacômetro, ou detector eletromagnético de cobrimento, gera um campo magnético que é alterado pela presença de materiais ferromagnéticos (a armadura de aço). O equipamento detecta essa alteração e a utiliza para localizar a posição da barra e estimar a espessura da camada de cobrimento de concreto.

Aplicação: É um ensaio fundamental para o diagnóstico, pois permite:

- Verificar se o cobrimento de projeto (especificado na NBR 6118) foi executado corretamente. Um cobrimento baixo é uma das principais causas de corrosão prematura.
- Mapear a localização e a direção das armaduras antes de realizar ensaios que exijam perfuração, como a extração de testemunhos.
- Estimar o diâmetro da barra de aço.

Procedimento: O equipamento é "varrido" sobre a superfície do concreto, emitindo sinais sonoros ou visuais ao detectar uma armadura.

Interpretação: O resultado é uma medição direta da espessura do cobrimento. A precisão pode ser afetada pela alta densidade de armaduras ou pela presença de outros metais. A norma de referência é a ABNT NBR 6118, que especifica os cobrimentos mínimos em função da classe de agressividade ambiental.

4.2.4. Potencial de Corrosão (Mapeamento Eletroquímico)

Princípio: Este ensaio mede a diferença de potencial elétrico entre a armadura de aço e um eletrodo de referência (geralmente de cobre/sulfato de cobre - $Cu/CuSO_4$) posicionado na superfície do concreto. O valor do potencial medido está relacionado à probabilidade termodinâmica de ocorrência de corrosão na armadura no ponto da medição.

Aplicação: É a principal técnica não destrutiva para delimitar áreas de uma estrutura onde a armadura está com corrosão ativa, mesmo que não haja sinais visuais externos (como fissuras ou manchas).

Procedimento: Uma conexão elétrica é feita diretamente a uma barra de aço da armadura. O eletrodo de referência é então deslocado sobre uma malha regular na superfície do concreto, e as leituras de potencial são registradas em cada ponto.

Interpretação: Os resultados são geralmente apresentados como um mapa de equipotenciais, com cores que indicam a probabilidade de corrosão. Conforme a norma ASTM C876:

- Potenciais menos negativos que -200 mV (vs $Cu/CuSO_4$) indicam <10% de probabilidade de corrosão.
- Potenciais entre -200 mV e -350 mV indicam uma probabilidade intermediária (incerteza).
- Potenciais mais negativos que -350 mV indicam >90% de probabilidade de corrosão ativa.

4.3. Ensaios Semidestrutivos e Destrutivos

Em muitos casos, para obter dados quantitativos precisos e inequívocos sobre as propriedades dos materiais, é necessário recorrer a ensaios que envolvem a remoção de pequenas amostras ou causam um dano localizado e controlado na estrutura, que é facilmente reparável.

4.3.1. Extração de Testemunhos de Concreto

Descrição: Consiste na perfuração do concreto com uma sonda rotativa diamantada para extrair uma amostra cilíndrica de concreto, chamada de "testemunho". É o principal ensaio destrutivo para avaliação de estruturas existentes.

Aplicação: Os testemunhos extraídos são levados para o laboratório para uma série de análises cruciais:

Ensaio de Resistência à Compressão: É o método mais confiável para determinar a resistência real do concreto na estrutura. O resultado é usado para calibrar os ensaios de esclerometria e para alimentar os modelos de análise estrutural.

Análise Petrográfica: Uma análise microscópica detalhada que pode revelar a composição do concreto, a relação água/cimento, o grau de hidratação, a presença de microfissuras e sinais de ataques químicos (sulfatos, RAA) ou lixiviação.

Determinação da Profundidade de Carbonatação e Teor de Cloretos: Ensaios químicos precisos para quantificar a contaminação por agentes agressivos.

Procedimento: O local da extração deve ser escolhido com cuidado, evitando áreas de alta concentração de armaduras (usando o pacômetro). Após a extração, o furo deve ser devidamente preenchido com argamassa de reparo de alta qualidade. A norma de referência é a ABNT NBR 7680.

4.3.2. Ensaio de Aderência por Tração (Pull-Off Test)

Descrição: Um disco metálico (dolly) é colado com resina epóxi sobre a superfície do concreto (ou de um sistema de reparo/reforço). Após a cura da resina, um equipamento de tração é acoplado ao disco e aplica uma força de tração perpendicular à superfície até a ruptura.

Aplicação: É utilizado para medir a resistência à tração superficial do concreto ou, mais comumente, para avaliar a qualidade da aderência entre um material de reparo (argamassa, graute) e o substrato de concreto antigo.

Interpretação: O valor da tensão de ruptura e a análise da superfície de fratura (se ocorreu na aderência, no substrato ou no material de reparo) indicam a qualidade do serviço de recuperação. A norma de referência é a ABNT NBR 15630.

4.4. Análise Estrutural e Modelagem

O diagnóstico não se encerra na caracterização dos materiais. É fundamental compreender como as patologias e a degradação afetam o comportamento e a segurança da estrutura como um todo.

4.4.1. O Papel da Análise Documental

A análise dos projetos originais e "as-built" é o ponto de partida. Ela permite comparar o que foi projetado com o que foi medido em campo (ex: cobrimento, diâmetro das armaduras). Essa comparação é o primeiro passo da avaliação estrutural.

4.4.2. Modelagem por Elementos Finitos (MEF)

Para casos complexos, a simulação computacional através da Modelagem por Elementos Finitos (MEF) é uma ferramenta poderosa. Um modelo digital da ponte é criado, no qual é possível:

- **Inserir os dados reais dos materiais:** Utilizar a resistência à compressão obtida dos testemunhos extraídos.
- **Simular as patologias:** Modelar a redução da seção de aço devido à corrosão ou a perda de rigidez em áreas fissuradas.
- **Avaliar a Capacidade de Carga Residual:** Aplicar as cargas de tráfego atuais (conforme NBR 7188) ao modelo e verificar se as tensões e deformações na estrutura danificada permanecem dentro dos limites de segurança estabelecidos pela NBR 6118.
- **Testar Soluções de Reforço:** Simular o efeito de um reforço com fibra de carbono ou um encamisamento antes de executá-lo, otimizando o projeto de recuperação.

4.4.3. Provas de Carga

A prova de carga é um ensaio em escala real, onde a ponte é carregada com veículos de peso conhecido (caminhões) posicionados em locais estratégicos para produzir os máximos esforços. Durante o ensaio, a resposta da estrutura é medida por uma rede de sensores que registram deslocamentos (deflexões) e deformações.

Aplicação: É utilizada para validar um modelo numérico, para verificar a eficácia de um reforço executado ou para uma avaliação direta da capacidade portante em casos em que a documentação é inexistente ou a degradação é muito severa. É um ensaio de alto custo e complexidade, reservado para situações especiais.

4.5. Considerações Finais do Capítulo

O diagnóstico técnico-científico é uma fase de investigação profunda que busca ir além do que os olhos podem ver. Neste capítulo, exploramos um leque de tecnologias, desde ensaios rápidos e não destrutivos até análises laboratoriais e modelagens computacionais complexas.

Ficou claro que não existe uma "bala de prata"; um diagnóstico robusto raramente se baseia em um único ensaio. A força da conclusão vem da correlação de múltiplas fontes de informação: a inspeção visual, os resultados dos ENDs, os dados dos testemunhos e a análise estrutural. É a combinação dessas peças que permite ao engenheiro montar o quebra-cabeça, entender a real condição da ponte e ter a segurança necessária para tomar decisões.

Com um diagnóstico completo em mãos, o próximo passo é comunicar essas descobertas de forma clara e objetiva. **O próximo capítulo, "Elaboração de Relatórios Técnicos e Documentação Fotográfica"**, abordará como transformar a complexidade técnica do diagnóstico em um documento profissional, claro e conclusivo, que servirá de base para as tomadas de decisão de gestores e projetistas.

Capítulo 5
Relatórios Técnicos e Documentação Fotográfica

Introdução

Após a meticulosa execução da vistoria em campo e a profunda investigação por meio de ensaios, o engenheiro detém um vasto volume de dados, análises e conclusões sobre o estado de uma ponte. Contudo, essa informação de nada vale se não for comunicada de forma clara, estruturada e convincente. O relatório técnico é o veículo para essa comunicação. Ele é muito mais do que uma mera formalidade burocrática; é o produto final do trabalho de diagnóstico, um documento com valor técnico, legal e gerencial.

Um bom relatório técnico reflete a qualidade do trabalho que o precedeu. Ele deve ser capaz de, simultaneamente, apresentar o rigor técnico necessário para outros engenheiros que irão projetar a recuperação, e fornecer uma síntese clara e objetiva para gestores e proprietários que tomarão as decisões de investimento. Um relatório confuso, incompleto ou mal fundamentado pode levar a interpretações equivocadas, a intervenções inadequadas e, em última análise, a um desperdício de recursos e à persistência dos riscos.

Este capítulo é um guia para a elaboração de relatórios técnicos de alta qualidade. Com base na estrutura a ser detalhada a seguir, vamos desdobrar cada seção, explicando seu propósito e o conteúdo essencial a ser incluído. Além disso, dedicaremos uma atenção especial à arte do registro fotográfico, ensinando como transformar imagens em poderosas ferramentas de documentação e prova.

5.1. A Finalidade e o Público do Relatório Técnico

Antes de começar a escrever, é crucial entender o propósito e para quem se escreve. O relatório técnico de inspeção e diagnóstico de uma ponte serve a múltiplos propósitos:

- **Documentar o Estado Atual:** É o registro formal e datado da condição da estrutura em um determinado momento, servindo como uma "fotografia" de seu estado de saúde.
- **Fundamentar o Diagnóstico:** Apresenta de forma lógica a correlação entre os sintomas observados, os resultados dos ensaios e as causas prováveis das patologias.
- **Subsidiar a Tomada de Decisão:** Fornece aos gestores as informações necessárias para priorizar investimentos, planejar intervenções e alocar orçamentos.
- **Base para Projetos de Recuperação:** Serve como o documento de partida para a equipe que irá projetar as soluções de reparo e reforço.
- **Respaldo Técnico e Legal:** É um documento que formaliza a responsabilidade técnica do profissional ou empresa que realizou a avaliação. Em caso de litígios ou acidentes, ele é uma peça fundamental.

O relatório deve ser escrito considerando seus diferentes públicos. O **Sumário Executivo**, por exemplo, é direcionado ao gestor ou cliente, que precisa de uma visão geral rápida e das recomendações principais. Já os capítulos de resultados, análise e diagnóstico são voltados para um público técnico (outros engenheiros), que precisa de todos os detalhes para compreender e validar o trabalho.

5.2. Estrutura Detalhada do Relatório Técnico

Um relatório bem-sucedido é um relatório bem-estruturado. A organização lógica da informação facilita a leitura e a compreensão. A seguir, detalhamos a estrutura expandida para um relatório técnico profissional.

5.2.1. Seções Preliminares

Capa e Identificação: É a porta de entrada do documento. Deve conter, de forma clara e profissional, o logotipo da empresa, o título completo do relatório, o nome e a localização da ponte, o nome do cliente, as datas de inspeção e emissão, e, fundamentalmente, o nome e a assinatura do responsável técnico com seu número de registro no CREA.

Sumário Executivo: Esta é talvez a seção mais importante para os tomadores de decisão. Deve ser um resumo conciso, de no máximo uma ou duas páginas, contendo:

- O objetivo do trabalho.
- Uma síntese das condições gerais da ponte, incluindo a classificação do seu estado (ex: Regular, Ruim, Péssimo) conforme a NBR 9452.
- Uma classificação clara da urgência das intervenções (Emergencial, Curto Prazo, etc.).
- As recomendações-chave de forma direta.
- Se solicitado, uma estimativa de custo de alto nível para as intervenções propostas.

Sumário / Índice: Uma lista detalhada de todas as seções, figuras e tabelas, com as respectivas páginas, para facilitar a navegação pelo documento.

5.2.2. Introdução e Descrição da Estrutura

Introdução: Esta seção contextualiza o trabalho realizado. Deve detalhar o objetivo do relatório, quem o solicitou, a metodologia empregada (vistoria visual, ensaios, etc.), os equipamentos utilizados na vistoria e as normas técnicas que nortearam a avaliação. É igualmente importante declarar quaisquer limitações encontradas, como restrições de acesso que impediram a inspeção de algum elemento.

Descrição da Estrutura Inspecionada: Aqui, o relatório apresenta a "identidade" da ponte. Devem ser fornecidas informações como:

- Identificação geral: nome, tipo, localização.
- Características construtivas: ano de construção, tipo estrutural (vigas, laje, etc.), dimensões principais, materiais e tipo de fundação.
- Histórico de intervenções conhecidas, como reparos ou reforços anteriores.
- Dados relevantes de tráfego e condições ambientais.

5.2.3. Apresentação e Análise dos Resultados

Esta é a parte mais densa e técnica do relatório, onde toda a evidência coletada é apresentada.

Resultados da Inspeção e Ensaios:

Vistoria Visual Detalhada: Descrever sistematicamente, elemento por elemento (tabuleiro, vigas, pilares, etc.), todas as patologias encontradas. Para cada uma, detalhar o tipo, a localização precisa, as dimensões e a gravidade. É fundamental fazer referência cruzada com as fotos do relatório fotográfico e com os mapas de danos.

Resultados dos Ensaios (END e Destrutivos): Apresentar os resultados de cada ensaio realizado (esclerometria, ultrassom, testemunhos, etc.). Incluir tabelas, gráficos e a localização dos pontos de ensaio. Fazer uma análise crítica dos resultados à luz das normas de referência.

Análise e Discussão: É aqui que os dados se transformam em diagnóstico.

Diagnóstico das Patologias: Correlacionar os achados para determinar as causas prováveis. Exemplo: "A corrosão generalizada nas vigas do vão 3 (ver item 6.1) é causada pela combinação de um baixo cobrimento, detectado pela pacometria (item 6.2.3), e pela alta agressividade ambiental marítima, confirmada pela análise de teor de cloretos nos testemunhos (item 6.3.2)".

Análise Estrutural: Se realizada, apresentar os resultados da modelagem numérica. Avaliar a capacidade resistente residual da estrutura e discutir os cenários de falha.

Discussão de Alternativas: Apresentar e discutir brevemente as possíveis técnicas de recuperação para os problemas encontrados, com seus prós e contras.

5.2.4. Conclusões e Recomendações

Esta seção traduz a análise técnica em um plano de ação claro e priorizado.

Conclusões e Recomendações:

Conclusões Finais: Recapitular as principais conclusões sobre a condição da ponte e apresentar a classificação formal de seu estado de conservação, conforme a NBR 9452.

Recomendações Detalhadas: Esta é a parte mais importante para o planejamento da manutenção. As ações devem ser priorizadas em categorias de urgência:

Emergencial: Ações imediatas para mitigar riscos iminentes (ex: escoramento, interdição).

Curto Prazo (até 6 meses): Reparos para evitar o agravamento rápido de danos.

Médio Prazo (até 2 anos): Reparos importantes, mas que podem ser planejados.

Longo Prazo / Monitoramento: Ações preventivas ou acompanhamento da evolução de danos leves.

Para cada recomendação, deve-se especificar a intervenção sugerida (ex: "Injeção das fissuras de flexão nas vigas V2 e V3 com resina epóxi de baixa viscosidade").

5.2.5. Anexos, Apêndices e Referências

Anexos: Devem conter todo o material de suporte, como as fichas de inspeção preenchidas em campo, o relatório fotográfico completo, os resultados brutos dos ensaios, os mapas de danos detalhados e os certificados de calibração dos equipamentos.

Referências Bibliográficas: Listar todas as normas, livros e artigos citados ao longo do relatório.

5.3. A Arte do Relatório Fotográfico

Uma imagem vale mais que mil palavras, especialmente em um relatório de patologias. Um bom relatório fotográfico não é apenas uma coleção de fotos, mas uma narrativa visual que documenta, comprova e quantifica os danos.

Técnica Fotográfica:

Contextualização: Sempre comece com uma foto de vista geral para localizar o elemento (ex: a ponte inteira, um pilar inteiro).

Aproximação: Em seguida, uma foto mostrando a patologia no contexto do elemento.

Detalhe com Escala: A foto mais importante é a de detalhe (close-up), que deve obrigatoriamente incluir um objeto de escala (uma trena, um fissurômetro, uma moeda) ao lado do dano. Sem escala, é impossível avaliar a dimensão de uma fissura ou de uma área de corrosão.

Qualidade da Imagem: As fotos devem ter foco nítido, boa iluminação (use flash se necessário) e alta resolução.

Organização e Legendas: O relatório fotográfico deve ser apresentado como um anexo, com cada foto numerada e legendada de forma padronizada. Uma boa legenda inclui:

- **Número da Foto:** Ex: Foto 01.

- **Elemento e Localização:** Ex: Viga V4, face inferior, terço central do vão 2.
- **Descrição:** Ex: "Detalhe de fissura de flexão com 0.7 mm de abertura e corrosão da armadura do estribo".
- **Referência Cruzada:** "Mencionada na seção 6.1.2 do relatório".

5.4. Mapas de Danos e Tabelas de Patologias

Para organizar a grande quantidade de informações e facilitar a visualização global dos problemas, duas ferramentas são essenciais.

Mapas de Danos: São desenhos esquemáticos da ponte (vistas em planta, elevações das vigas, etc.) onde as patologias são plotadas em sua localização exata. Pode-se usar cores ou símbolos diferentes para cada tipo ou gravidade de dano. Esses mapas fornecem uma visão panorâmica imediata das áreas mais críticas da estrutura.

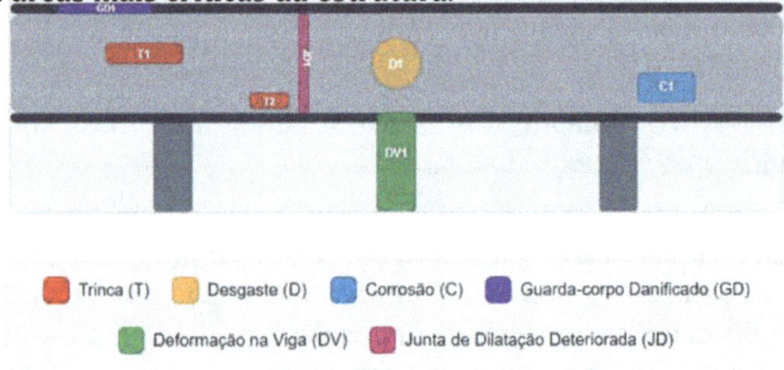

Figura 1 - Exemplo de Mapa de Danos.

Tabela de Patologias: É uma forma organizada de resumir todos os danos encontrados. O uso de uma tabela padronizada é altamente recomendado. Ela permite registrar para cada patologia individual:

a) Um código de identificação único.
b) O elemento estrutural e sua localização detalhada.
c) Uma descrição precisa do dano e suas dimensões.
d) A possível causa (diagnóstico preliminar).
e) Uma classificação da gravidade (Leve, Moderada, Severa).
f) A prioridade de intervenção (Emergencial, Curto Prazo, etc.).
g) A recomendação preliminar da ação a ser tomada.
h) A referência cruzada para a foto ou desenho correspondente.

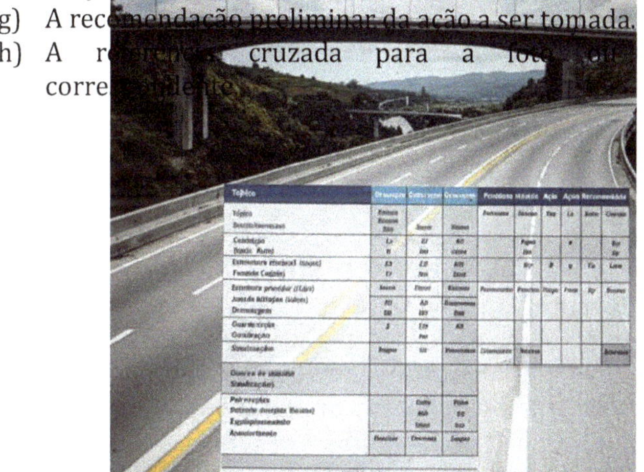

Figura 2 - A importância de registrar em forma de tabela os itens mais importantes da vistoria.

Esta tabela transforma observações descritivas em dados organizados, que podem ser facilmente filtrados e usados para gerar planos de ação e orçamentos.

5.5. Considerações Finais do Capítulo

A elaboração do relatório técnico é a etapa que materializa todo o esforço de inspeção e diagnóstico. Vimos que a clareza, a estrutura lógica e a objetividade são qualidades indispensáveis para um documento eficaz.

A correta utilização de relatórios fotográficos, mapas de danos e tabelas de patologias não só enriquece o relatório, mas também o transforma em uma ferramenta de gestão poderosa. Um relatório bem-feito inspira confiança, demonstra profissionalismo e, o mais importante, fornece a base sólida necessária para se tomar as decisões corretas para garantir a segurança e a durabilidade da ponte.

Com o "diagnóstico" em mãos e devidamente "laudado", a jornada continua. Agora, é preciso definir o "tratamento". O próximo capítulo mergulhará nas diversas opções terapêuticas da engenharia.

O próximo capítulo, "Técnicas de Recuperação e Reforço Estrutural", abordará o vasto leque de soluções disponíveis para reparar os danos diagnosticados e, quando necessário, reforçar a estrutura para que ela continue a servir à sociedade com segurança por muitas décadas.

Capítulo 6

Técnicas de Recuperação e Reforço Estrutural

Introdução

Após um diagnóstico preciso e um relatório bem fundamentado, a engenharia de recuperação entra em sua fase mais tangível: a intervenção. Este é o momento de aplicar o "tratamento" para curar as "doenças" da estrutura. O sucesso de uma intervenção não depende apenas da escolha da técnica correta, mas fundamentalmente da execução cuidadosa e do respeito a princípios basilares que garantem a eficácia e, principalmente, a durabilidade do reparo.

Este capítulo apresenta um panorama abrangente das principais técnicas de recuperação e reforço para pontes de concreto armado, com foco em sua aplicação prática na realidade brasileira. Começaremos estabelecendo os princípios gerais que norteiam qualquer intervenção de qualidade. Em seguida, mergulharemos nas técnicas específicas para o tratamento de fissuras, recuperação de áreas degradadas, combate à corrosão das armaduras e, por fim, nos métodos de reforço estrutural para restaurar ou aumentar a capacidade portante da ponte.

O objetivo é fornecer ao engenheiro um leque de soluções, explicando o funcionamento de cada uma, suas vantagens, limitações e os cuidados essenciais durante a aplicação. Com estudos de caso ilustrativos, buscaremos conectar a teoria à prática, capacitando o profissional a selecionar e especificar a terapia mais adequada para cada patologia, garantindo que a ponte possa voltar a cumprir sua função com segurança e por um longo período.

6.1. Princípios Gerais do Reparo Estrutural

Antes de detalhar as técnicas, é imperativo compreender os quatro pilares que sustentam um reparo estrutural bem-sucedido. Negligenciar qualquer um deles é o caminho mais curto para uma intervenção de baixa durabilidade.

Diagnóstico da Causa Raiz: A regra de ouro da recuperação é: não se trata apenas o sintoma, mas sim a causa. De nada adianta reparar uma área de concreto degradada pela infiltração de água se a origem da infiltração (uma junta de dilatação defeituosa, por exemplo) não for corrigida. O reparo falhará novamente em pouco tempo. O diagnóstico discutido no Capítulo 3 é a base para garantir que a causa fundamental do problema seja identificada e eliminada.

Preparo do Substrato: Esta é, frequentemente, a etapa mais importante e mais negligenciada de um reparo. A melhor e mais cara argamassa de reparo falhará se aplicada sobre uma superfície contaminada, solta ou mal preparada. O preparo do substrato envolve:

- **Delimitação e Remoção do Concreto Deteriorado:** O concreto danificado, solto ou contaminado deve ser completamente removido até que se atinja um substrato são, íntegro e resistente.
- **Limpeza da Superfície:** A superfície deve estar livre de pó, óleos, graxas e quaisquer outras substâncias que possam prejudicar a aderência.
- **Tratamento das Armaduras:** As armaduras expostas devem ser limpas para remover todos os produtos de corrosão, como será detalhado na seção 5.3.

Compatibilidade de Materiais: O material de reparo deve ser compatível com o concreto original (o substrato). A compatibilidade deve ser analisada sob vários aspectos:

- **Mecânica:** O módulo de elasticidade e a resistência do material de reparo devem ser próximos aos do substrato para evitar concentração de tensões.

- **Térmica:** Coeficientes de dilatação térmica similares evitam o surgimento de tensões na interface durante as variações de temperatura.
- **Eletroquímica:** O material de reparo deve ter uma resistividade elétrica e pH que não acelere a corrosão nas áreas adjacentes à reparada (efeito anel anódico).
- **Dimensional:** O material de reparo deve apresentar baixa retração para evitar o surgimento de fissuras na interface com o concreto antigo.

Seleção da Técnica e Execução Cuidadosa: A técnica de aplicação deve ser adequada ao material escolhido e às condições da obra. A mão de obra deve ser qualificada e seguir rigorosamente as recomendações do fabricante do produto e as boas práticas da engenharia.

6.2. Reparo e Tratamento de Fissuras e do Concreto

6.2.1. Tratamento de Fissuras

Fissuras são portas abertas para agentes agressivos. Seu tratamento depende de sua causa, atividade (ativas ou passivas) e abertura.

Selagem Superficial: Para fissuras passivas (que não se movimentam mais) e de pequena abertura (< 0,2 mm), a selagem superficial com materiais cimentícios, poliméricos ou tintas elastoméricas pode ser suficiente para restabelecer a proteção contra a entrada de água e CO2.

Injeção de Fissuras: Para fissuras estruturais ou que precisam ser seladas em profundidade, a injeção sob pressão é a técnica mais eficaz.

Injeção com Resina Epóxi: Utilizada para a "colagem" estrutural de fissuras passivas. A resina de baixa viscosidade penetra na fissura e, após a cura, restaura a monoliticidade e a capacidade de transferência de esforços do elemento.

Figura 3 - Bicos de perfuração alternados e inclinados a 45º.

Figura 4 - Bicos de perfuração atravessando a fissura/rachadura.

Injeção com Géis de Poliuretano: Ideal para fissuras ativas ou com presença de água. O poliuretano reage com a água e se expande, formando uma espuma flexível que sela a fissura de forma estanque, acompanhando pequenas movimentações. A NBR 9575 fornece diretrizes para a seleção de sistemas de impermeabilização que podem ser aplicados a este contexto.

6.2.2. Recuperação de Áreas Degradadas (Spalling)

Para áreas onde o concreto se destacou (spalling) ou foi removido durante o preparo do substrato, a recomposição volumétrica é necessária.

Reparos com Argamassas Poliméricas: São argamassas cimentícias modificadas com polímeros, pré-dosadas e prontas para uso. Possuem aderência superior, baixa retração e durabilidade elevada. São ideais para reparos pontuais ou de média extensão. A seleção do produto deve seguir as diretrizes da ABNT NBR 15961-1. Existem dois tipos principais:

Tixotrópicas: Possuem consistência ideal para aplicação manual em superfícies verticais ou no teto, sem escorrer.

Imagem 8 - Aplicação manual de Grout em Recuperação de Viga.

Fluidas (Grautes): Possuem alta fluidez e são aplicadas em fôrmas. Ideais para o preenchimento de seções maiores ou áreas de difícil acesso.

Imagem 9 - Aplicação mecânica de Grout Fluido em reforço de pilar.

Concreto Projetado: Para a recuperação de grandes áreas, o concreto projetado é a solução mais produtiva. Uma mistura de cimento, agregados e água é projetada em alta velocidade contra a superfície, garantindo excelente compactação e aderência. Pode ser aplicado por via seca (água adicionada no bico) ou via úmida (mistura já com água).

6.3. Tratamento e Proteção das Armaduras Corroídas

Quando a corrosão é a causa da patologia, o simples reparo do concreto não é suficiente. É preciso tratar a armadura para paralisar o processo corrosivo.

6.3.1. Limpeza da Armadura

Após a remoção do concreto deteriorado ao redor da barra, toda a ferrugem, mesmo a mais aderida, deve ser removida. O objetivo é atingir o padrão de limpeza Sa 2 ½ da norma **ABNT NBR ISO 8501-1**, que corresponde a um metal quase branco. Os métodos mais comuns são:

Limpeza Mecânica Manual: Uso de escovas de aço e lixadeiras. Eficaz para pequenas áreas.

Jateamento Abrasivo: O método mais eficiente para grandes áreas. Partículas abrasivas (areia, granalha de aço) são projetadas em alta velocidade contra a armadura, garantindo uma limpeza completa e rápida.

6.3.2. Passivação e Sistemas de Proteção

Após a limpeza, a armadura deve ser protegida antes da aplicação do novo concreto ou argamassa.

Pinturas Ricas em Zinco ou Inibidores de Corrosão: Aplicação de primers epoxídicos ricos em zinco ou argamassas cimentícias com inibidores de corrosão que recriam uma camada protetora sobre o aço.

Proteção Catódica: Técnica eletroquímica avançada para o controle da corrosão, especialmente indicada para estruturas em ambientes muito agressivos (como ambientes marinhos) ou contaminadas por cloretos. Ela transforma toda a armadura em um cátodo, impedindo a sua oxidação (corrosão). Existem dois tipos principais, conforme a **NBR ISO 12696**:

Proteção Catódica Galvânica (ou de Sacrifício): Anodos de um metal menos nobre que o aço (geralmente zinco) são instalados no concreto e conectados eletricamente à armadura. O zinco se corrói preferencialmente (servindo como "ânodo de sacrifício"), protegendo o aço. É um sistema autônomo que não requer fonte de energia externa.

Proteção Catódica por Corrente Impressa (ICCP): Uma pequena corrente elétrica contínua, proveniente de um retificador externo, é aplicada à armadura através de ânodos inertes (como titânio revestido). Este sistema permite um controle preciso do nível de proteção e é adequado para grandes estruturas ou ambientes de alta corrosividade.

6.4. Reforço Estrutural

Quando o diagnóstico aponta que a capacidade de carga da ponte está comprometida ou é insuficiente para as cargas atuais, um reforço estrutural se faz necessário.

6.4.1. Aumento da Seção de Concreto (Encamisamento)

Uma das técnicas mais tradicionais, consiste em aumentar as dimensões de um elemento estrutural (viga ou pilar) adicionando uma nova camada de concreto armado. A "camisa" de concreto novo aumenta a rigidez e a resistência do elemento. É uma técnica eficaz, porém aumenta o peso próprio e as dimensões da estrutura.

Imagem 10 - Reforço estrutural com adição de barras longitudinais na face superior de uma viga.

6.4.2. Protensão Externa

Esta técnica é ideal para o reforço à flexão de vigas. Consiste na instalação de cabos de aço de alta resistência externos à seção de concreto. Esses cabos são ancorados nas extremidades da viga e tracionados (protendidos), aplicando uma força de compressão na parte inferior da viga. Essa compressão combate as tensões de tração geradas pela flexão, aumentando a capacidade de carga e ajudando a fechar fissuras existentes.

Trazendo, mais uma vez, uma reflexão sobre a capa deste livro, nota-se pelas imagens da ponte JK, já colapsada, que havia reforços externos semelhantes, porém não condizentes, com um reforço por protensão externa. Perícias independentes informaram que o reforço teria sido subdimensionado, criando apenas o aumento do peso próprio da estrutura e não atuando de forma adequada conforme pensado.

A seguir observa-se de forma esquemática, como funcionariam os reforços por protensão externa.

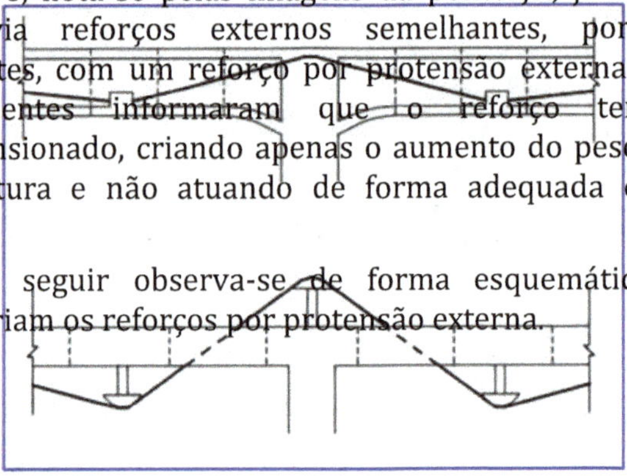

Figura 5 - Tipos de reforço com protensão externa. Acima o reforço externo normal, que compreende a seção normal da viga. Abaixo a posição dos cabos está excêntrica em relação à estrutura original.

6.4.3. Reforço com Compósitos de Fibras (FRP)

Os Polímeros Reforçados com Fibras (FRP - Fiber Reinforced Polymer) são a tecnologia de reforço mais moderna e versátil. São materiais compósitos que consistem em fibras de altíssima resistência (carbono, vidro ou aramida) imersas em uma matriz polimérica (resina epóxi). Suas principais vantagens são a elevada resistência, a leveza, a facilidade de aplicação e a resistência à corrosão. As aplicações em pontes são vastas e seguem normas como a **ABNT NBR 16782.**

Fibras de Carbono (CFRP - Carbon Fiber Reinforced Polymer): [illegible] a resistência [illegible] e módulo de elasticidade, [illegible] para:

- **Reforço à Flexão:** Mantas ou laminados de CFRP colados na face tracionada de vigas e lajes, aumentam dras[illegible]

Confinamento de Pilares: O encamisamento de pilares com mantas de fibra de carbono aumenta sua ductilidade e resistência à compressão.

Imagem 11 - Aplicação de reforço com fibras de carbono em viga.

6.5. Recuperação de Juntas e Aparelhos de Apoio

Juntas de Dilatação: Juntas danificadas devem ser completamente removidas. O concreto das bordas deve ser reparado e, em seguida, um novo sistema de junta é instalado. A escolha do novo sistema (juntas elastoméricas, asfálticas, tipo "finger", etc.) dependerá das movimentações previstas para a ponte.

Aparelhos de Apoio: A substituição de aparelhos de apoio (como os de neoprene) é uma operação delicada. Requer o uso de macacos hidráulicos de alta capacidade para suspender a superestrutura em alguns milímetros, aliviando a carga sobre o apoio. O apoio antigo é removido, a superfície de assentamento é preparada e o novo apoio é instalado, antes de a estrutura ser baixada novamente para sua posição original.

6.6. Estudos de Caso (Exemplos Ilustrativos)

Para consolidar os conceitos, apresentamos a seguir dois estudos de caso hipotéticos, mas baseados em cenários comuns na engenharia de recuperação brasileira.

Caso 1: Viga de Ponte em Ambiente Urbano com Fissuras de Flexão por Sobrecarga

Diagnóstico: Inspeção visual detectou fissuras de flexão de até 0,8 mm nas vigas centrais de um viaduto com 40 anos. O tráfego de caminhões aumentou 200% desde sua construção. A modelagem estrutural confirmou que as tensões na armadura de tração, sob as cargas da NBR 7188, excediam os limites de serviço.

Solução de Recuperação e Reforço:

Tratamento das Fissuras: Injeção das fissuras com resina epóxi de baixa viscosidade para restaurar a monoliticidade da seção.

Reforço à Flexão: Aplicação de laminados de fibra de carbono (CFRP) na face inferior das vigas. Os laminados foram dimensionados para absorver o incremento de esforço de tração, reconduzindo a estrutura a um estado seguro de trabalho.

Monitoramento: Instalação de sensores de deformação (strain gauges) sobre os laminados para monitorar seu desempenho sob tráfego real.

Caso 2: Pilares de Ponte em Ambiente Marinho com Corrosão Severa por Cloretos

Diagnóstico: Inspeção detectou desplacamento do cobrimento e corrosão severa com perda de seção de até 20% nas armaduras dos pilares na zona de variação de maré. O mapeamento de potencial de corrosão indicou potenciais de -550 mV (vs $Cu/CuSO_4$), e a análise laboratorial confirmou um alto teor de cloretos no concreto.

Solução de Recuperação e Proteção:

Escoramento: Escoramento provisório da superestrutura para garantir a segurança durante a intervenção nos pilares.

Hidrodemolição: Remoção do concreto contaminado e deteriorado ao redor das armaduras usando jatos de água de altíssima pressão (hidrodemolição), que limpam o aço sem causar vibrações danosas.

Reforço da Armadura: Adição de barras de aço complementares nas áreas com maior perda de seção.

Proteção Catódica Galvânica: Instalação de anodos de zinco embutidos na argamassa de reparo e conectados à armadura para garantir uma proteção duradoura contra a corrosão futura.

Recomposição: Recomposição da seção dos pilares com argamassa polimérica tixotrópica de alta resistência.

6.7. Considerações Finais do Capítulo

Este capítulo demonstrou que a engenharia de recuperação dispõe de um vasto e sofisticado arsenal de técnicas para diagnosticar, reparar e reforçar pontes de concreto armado.

Vimos que não há uma solução única, mas sim um conjunto de ferramentas que devem ser selecionadas e combinadas de acordo com o diagnóstico específico de cada estrutura.

O sucesso de uma intervenção reside no entendimento profundo dos princípios de preparo de superfície e compatibilidade de materiais, na correta aplicação das técnicas e, acima de tudo, no tratamento da causa fundamental do problema.

As tecnologias, das mais tradicionais às mais avançadas como os compósitos de FRP e a proteção catódica, oferecem ao engenheiro a capacidade de não apenas corrigir o passado, mas de projetar um futuro mais durável para nossas pontes.

Após a execução da recuperação, entramos na fase final do ciclo de vida da estrutura: a gestão e o monitoramento para o futuro. **O próximo e último capítulo, "Gestão, Novas Tecnologias e Tendências Futuras"**, abordará como podemos utilizar tecnologias emergentes e sistemas de gestão inteligentes para garantir que o investimento feito na recuperação seja preservado e que a vida útil da ponte seja maximizada.

Capítulo 7
Manutenção e Recuperação de Elementos Não Estruturais

7.1. A Importância dos Elementos de Proteção

Embora o foco principal da engenharia de pontes recaia sobre a capacidade portante de vigas, lajes e pilares, a durabilidade dessas estruturas é diretamente dependente da eficiência dos elementos não estruturais.

Decidi adicionar este capítulo especificamente a estes itens que, embora não estruturais, podem ser considerados a "porta de entrada" para patologias maiores e também são dispositivos responsáveis não só pelo bom funcionamento da estrutura mas também pela segurança e conforto dos usuários.

Estes componentes atuam como a primeira linha de defesa contra os agentes agressivos do meio ambiente. A falha em um sistema de drenagem ou em uma junta de dilatação, por exemplo, permite que a água, principal vetor, de agentes deletérios penetre no interior da matriz do concreto, iniciando processos de carbonatação e ataque por cloretos.

7.2. Sistemas de Drenagem: O Controle do Fluxo

O sistema de drenagem tem a função vital de coletar e afastar as águas pluviais do tabuleiro, impedindo o empoçamento e a infiltração direta.

Patologias Comuns: O acúmulo de detritos, terra e vegetação em bueiros e grelhas é a falha mais recorrente.

Consequências Estruturais: Tubulações obstruídas ou mal dimensionadas podem despejar água diretamente sobre elementos críticos como aparelhos de apoio, faces de vigas e pilares, acelerando a lixiviação e a corrosão.

Manutenção e Recuperação: Limpeza Periódica: Desobstrução sistemática de grelhas, coletores e condutores.

Recomposição de Pingadeiras: A pingadeira é um detalhe construtivo essencial na face inferior do tabuleiro que impede que a água escorra pela superfície do concreto. Sua recuperação deve garantir a continuidade do sulco para quebrar a tensão superficial da água.

7.3. Barreiras, Guarda-corpos e Elementos de Segurança

Estes elementos são projetados para garantir a segurança dos usuários, mas sua deterioração pode indicar problemas ou causar danos à estrutura principal.

Inspeção de Danos: Deve-se verificar a integridade física, a fixação na laje e a presença de deformações decorrentes de impactos de veículos.

Corrosão em Fixações: Em guarda-corpos metálicos, a corrosão nas bases de fixação pode gerar tensões de expansão que fissuram a borda da laje do tabuleiro.

Recuperação: Substituição de trechos danificados por colisão para restaurar a continuidade da barreira.

Tratamento anticorrosivo de elementos metálicos e selagem de fissuras nas bases de concreto.

7.4. Pavimentação e Lajes de Transição

A interface entre o aterro da via de acesso e a estrutura da ponte é uma região de alta complexidade geotécnica e mecânica.

O Problema do "Degrau" de Acesso: Recalques no aterro de aproximação criam desníveis que geram cargas de impacto dinâmico excessivas sobre a ponte toda vez que um veículo pesado transita.

Lajes de Transição: São elementos que suavizam essa passagem. Patologias nessas lajes, como fissuras longitudinais ou abatimentos, comprometem o conforto e a segurança.

Intervenção:

Recapeamento e Nivelamento: Correção do perfil longitudinal para eliminar impactos dinâmicos não previstos no projeto original.

Injeção de Consolidação: Em casos de vazios sob a laje de transição, a injeção de calda de cimento ou resinas pode estabilizar o pavimento sem a necessidade de demolição total.

7.5. Considerações Finais do Capítulo

A manutenção preventiva desses elementos "secundários" é significativamente mais barata do que a recuperação estrutural profunda. Ignorar uma junta de dilatação danificada ou um dreno obstruído inevitavelmente levará a estrutura ao ciclo vicioso de degradação, elevando os custos de manutenção para o estágio de intervenção emergencial.

Capítulo 8
Gestão, Novas Tecnologias e Tendências Futuras

8.1. Introdução

Ao longo deste livro, percorremos uma jornada completa pelo universo das patologias em pontes de concreto armado: aprendemos a identificar seus sinais em campo, a diagnosticar suas causas com precisão científica e a aplicar as mais diversas técnicas de recuperação e reforço. O ciclo de "identificar-diagnosticar-reparar" é o cerne da engenharia de recuperação. Contudo, a engenharia moderna nos convida a dar um passo além.

E se pudéssemos prever as falhas antes que elas se manifestem? E se pudéssemos gerenciar todo o nosso acervo de pontes de forma inteligente, otimizando recursos e priorizando as intervenções com base em dados, e não apenas na urgência?

Este capítulo final se debruça sobre o futuro da manutenção de pontes. Discutiremos a mudança de paradigma da manutenção reativa para uma gestão de ativos proativa e inteligente. Exploraremos o impacto revolucionário de tecnologias como o Monitoramento Contínuo da Saúde Estrutural (SHM), a Internet das Coisas (IoT), a Inteligência Artificial (IA) e o Building Information Modeling (BIM).

Abordaremos também os novos materiais que prometem estruturas mais duráveis e a crescente importância da sustentabilidade no ciclo de vida de nossas obras. O objetivo é apresentar a visão de uma engenharia que não apenas conserta o presente, mas que constrói um futuro mais seguro e resiliente para nossas infraestruturas.

8.2. Da Manutenção Corretiva à Gestão de Ativos (Asset Management)

Tradicionalmente, a manutenção de infraestruturas operava em um modelo predominantemente corretivo ou reativo: uma ponte apresentava um problema visível e grave e, somente então os recursos eram mobilizados para o reparo. Essa abordagem, além de ser muito mais cara, implica conviver constantemente com o risco, atuando apenas após o dano já estar instalado.

A abordagem contemporânea, conhecida como Gestão de Ativos (Asset Management), enxerga a infraestrutura de outra forma. Uma ponte não é apenas uma estrutura, mas um ativo valioso com um ciclo de vida que precisa ser gerenciado para maximizar seu valor (sua funcionalidade e segurança) ao longo do tempo, com o menor custo possível.

No Brasil, esse conceito se materializa nos **Sistemas de Gestão de Obras de Arte Especiais (SGOAE)**. Um SGOAE é uma plataforma que integra um banco de dados com o cadastro de todas as pontes de uma malha (rodoviária ou ferroviária), os resultados das inspeções periódicas, a classificação do estado de cada estrutura e ferramentas para priorizar as ações de manutenção e alocar os recursos orçamentários de forma otimizada. Em vez de uma visão fragmentada, o gestor passa a ter uma visão global do seu patrimônio, permitindo um planejamento estratégico de médio e longo prazo.

8.3. Monitoramento Contínuo da Saúde Estrutural (SHM)

Enquanto as inspeções periódicas são "fotografias" do estado da ponte em um dado momento, o Monitoramento da Saúde Estrutural (do inglês, Structural Health Monitoring - SHM) é um "filme" contínuo. O SHM consiste na instalação de uma rede de sensores na estrutura para medir sua resposta e seu comportamento em tempo real, 24 horas por dia, 7 dias por semana. É o equivalente a equipar a ponte com um sistema nervoso.

Essa tecnologia é particularmente valiosa para pontes de grande porte, de importância estratégica, com patologias conhecidas ou aquelas submetidas a condições extremas. Os dados coletados permitem uma manutenção preditiva, baseada no desempenho real da estrutura.

Tecnologias de Sensores:

Sensores de Deformação (Strain Gauges): Medem as microdeformações na superfície do concreto ou do aço, permitindo avaliar as tensões reais nos elementos estruturais sob a passagem dos veículos. Os sensores de fibra óptica são uma tecnologia avançada que permite distribuir milhares de pontos de medição ao longo de um único cabo.

Acelerômetros: Medem as vibrações e acelerações da estrutura. A análise das frequências naturais de vibração de uma ponte pode indicar alterações na sua rigidez, que por sua vez podem ser um sinal de dano estrutural.

Inclinômetros e GPS de Alta Precisão: Monitoram rotações e recalques dos pilares e encontros, sendo fundamentais para detectar problemas nas fundações.

Sensores de Corrosão: Eletrodos embutidos no concreto que medem parâmetros como a resistividade elétrica e o potencial de corrosão, alertando para o início do processo corrosivo muito antes de qualquer sinal visual.

O Papel da Internet das Coisas (IoT)

No cenário da engenharia diagnóstica moderna, a **Internet das Coisas (IoT)** representa a espinha dorsal tecnológica que viabiliza a implementação do *Structural Health Monitoring* (SHM) em larga escala em infraestruturas críticas. Sob este paradigma de conectividade, cada sensor individual instalado nos elementos da ponte é configurado como um "objeto" inteligente e unívoco, integrado a uma rede de comunicação de dados bidirecional.

As grandezas físicas capturadas em campo como microdeformações, vibrações ou potenciais elétricos são convertidas em sinais digitais e transmitidas, via protocolos sem fio de longo alcance, para centrais de processamento robustas baseadas em nuvem (*cloud computing*). Nestas centrais, os dados são consolidados e tornam-se acessíveis a engenheiros e gestores de ativos em tempo real através de plataformas e interfaces online. Esta arquitetura de rede elimina barreiras geográficas e logísticas, permitindo, por exemplo, que um especialista ou calculista sediado em São Paulo monitore e analise com precisão o comportamento dinâmico de uma obra de arte especial situada em uma região de difícil acesso, como a Amazônia.

8.4. O Impacto da Inteligência Artificial (IA) e do Big Data

Um sistema de SHM pode gerar um volume gigantesco de dados (Big Data). O desafio é transformar esses dados em informação útil. É aqui que a **Inteligência Artificial (IA)** entra em cena.

Manutenção Preditiva: Algoritmos de IA, especialmente de Machine Learning (Aprendizado de Máquina), podem ser treinados com dados históricos de inspeções e de sensores. Eles aprendem a identificar padrões sutis de comportamento que precedem o surgimento de uma patologia. Com isso, o sistema pode prever a probabilidade de uma fissura atingir uma abertura crítica nos próximos 6 meses ou de a corrosão se iniciar em um determinado pilar, permitindo que a equipe de manutenção atue de forma proativa.

Otimização das Inspeções: A IA também está revolucionando a própria inspeção visual. Drones equipados com câmeras de alta resolução capturam milhares de imagens da ponte. Um software de visão computacional, um ramo da IA, pode então analisar essas imagens para detectar, classificar e medir automaticamente as fissuras, as áreas de descamação (spalling) e outras anomalias, gerando um mapa de danos preliminar. Isso torna a inspeção mais rápida, segura e menos sujeita à subjetividade do inspetor. Técnicas como o Reconhecimento Óptico de Caracteres (OCR) já são uma aplicação estabelecida de IA para digitalização de documentos.

8.5. Novos Materiais, Sustentabilidade e o Futuro do Concreto

A busca por estruturas mais duráveis e com menor impacto ambiental está impulsionando a inovação na ciência dos materiais.

Concretos de Ultra-Alto Desempenho (UHPC): São uma nova classe de concretos cimentícios com altíssima resistência à compressão (acima de 150 MPa), baixa permeabilidade e ductilidade superior devido à adição de fibras de aço. O uso de UHPC em reparos ou em elementos de pontes novas resulta em estruturas mais leves, esbeltas e com uma vida útil projetada muito superior à do concreto convencional.

Geopolímeros: São uma alternativa promissora ao cimento Portland. Produzidos a partir da ativação alcalina de materiais ricos em alumino-silicatos (como cinzas volantes de termelétricas ou escória de alto-forno), os ligantes geopoliméricos apresentam excelente resistência mecânica e durabilidade, com uma pegada de carbono significativamente menor, visto que sua produção não envolve a descarbonatação do calcário.

Sustentabilidade e Avaliação do Ciclo de Vida (ACV): A sustentabilidade na engenharia de pontes vai além do uso de materiais "verdes". A Avaliação do Ciclo de Vida (ACV) é uma metodologia que busca quantificar o impacto ambiental de uma estrutura considerando todas as suas fases: extração de matérias-primas, construção, uso e manutenção, até a sua eventual demolição e reciclagem. Aplicar a ACV na escolha de uma técnica de reparo significa não apenas considerar o custo e a eficácia, mas também o impacto ambiental dos materiais e processos envolvidos.

8.6. BIM: A Integração Total do Ciclo de Vida da Ponte

O Building Information Modeling (BIM), ou Modelagem da Informação da Construção, é um processo baseado em um modelo 3D inteligente que contém todas as informações da estrutura. O BIM está transcendendo sua aplicação original em projeto e construção e se tornando a plataforma central para a gestão de todo o ciclo de vida da ponte.

Um modelo BIM de uma ponte pode conter não apenas sua geometria (3D), mas também o cronograma de construção (4D), os custos (5D) e, o mais importante para nós, as informações de manutenção (6D). Imagine um modelo onde, ao clicar em uma viga, você tenha acesso instantâneo:

- Ao seu detalhamento de armaduras do projeto "as-built".
- Ao histórico completo de todas as inspeções realizadas nela.
- Aos relatórios fotográficos de cada patologia encontrada.
- Aos dados em tempo real dos sensores de SHM instalados nela.
- Ao cronograma e ao custo da próxima intervenção de manutenção planejada.

O BIM 6D integra todas as informações discutidas neste livro em uma única plataforma, promovendo uma gestão de ativos verdadeiramente inteligente e integrada.

Capítulo 9

Patologias em Pontes de Concreto Protendido

9.1. Introdução ao Concreto Protendido

Imagem 12 - Extremidade da ancoragem em um sistema de protensão.

Os capítulos anteriores focaram extensivamente nas patologias do concreto armado convencional. Contudo, uma vasta e importante parcela das nossas pontes e viadutos, especialmente aquelas com grandes vãos, é construída com concreto protendido. A protensão é uma técnica que induz, de forma planejada, tensões de compressão em uma estrutura antes que ela seja submetida às cargas de serviço. Essa compressão prévia serve para anular ou reduzir significativamente as tensões de tração que seriam geradas pelas cargas, permitindo a construção de elementos mais esbeltos, eficientes e capazes de vencer vãos maiores.

Existem dois sistemas principais de protensão:

Pré-Tensão: Utilizado principalmente em elementos pré-moldados. Os cabos ou cordoalhas de aço de alta resistência são tracionados em uma pista de protensão antes do lançamento do concreto. Após a cura do concreto, os cabos são cortados e, por aderência, transferem a força de compressão para o elemento.

Pós-Tensão: Mais comum em pontes moldadas "in loco" ou construídas com segmentos pré-moldados. Dutos (bainhas) são posicionados dentro das fôrmas antes da concretagem. Após o concreto atingir a resistência necessária, os cabos de protensão são passados pelos dutos, tracionados por macacos hidráulicos e fixados por dispositivos de ancoragem. O espaço anular entre os cabos e o duto é então preenchido com uma calda de cimento (nata de injeção) para garantir a proteção dos cabos e, em sistemas aderentes, a transferência de esforços.

Apesar de sua genialidade e eficiência, o sistema de protensão introduz um novo conjunto de vulnerabilidades. O aço de protensão, por sua alta resistência e por trabalhar com tensões elevadas, é muito mais sensível à corrosão e a outros mecanismos de degradação do que a armadura passiva. As patologias em estruturas protendidas são, frequentemente, mais difíceis de detectar e podem ter consequências muito mais severas, incluindo a possibilidade de rupturas frágeis e súbitas.

9.2. O Sistema de Proteção e Suas Vulnerabilidades

A durabilidade de uma ponte protendida depende diretamente da integridade do sistema de proteção do aço de protensão. Esse sistema é composto por múltiplas barreiras:

O Cobrimento de Concreto: A primeira linha de defesa, assim como no concreto armado.

O Duto (Bainha): Geralmente metálico ou plástico, serve como uma barreira física que isola os cabos.

A Nata de Injeção (Calda de Cimento): Preenche o duto, envolvendo os cabos em um ambiente alcalino (pH alto) que os passiva contra a corrosão e garante a aderência nos sistemas aderentes.

A falha em qualquer uma dessas barreiras pode criar um caminho para a entrada de agentes agressivos (água, oxigênio, cloretos), iniciando um processo de degradação que pode ser invisível por muitos anos.

9.3. Patologias Específicas do Sistema de Protensão

As falhas em pontes protendidas estão quase sempre associadas a problemas no sistema de protensão em si.

9.3.1. Corrosão dos Cabos de Protensão

Esta é a patologia mais crítica e perigosa. A corrosão do aço de alta resistência é diferente e mais grave que a do aço comum.

Causas Principais:

Injeção Deficiente da Bainha: É a causa mais comum. Se a nata de cimento não preencher completamente o duto, ela pode deixar "vazios" (bolsões de ar) ou "janelas" onde os cabos ficam expostos. Se água contaminada se infiltrar nesses vazios, a corrosão se inicia rapidamente. A segregação da nata (exsudação), onde a água se separa da mistura de cimento, também pode criar ambientes propícios à corrosão.

Infiltração pelas Ancoragens: As regiões de ancoragem são pontos de descontinuidade e, portanto, vulneráveis à infiltração de água se não forem devidamente seladas.

Fissuras no Concreto: Fissuras que interceptam os dutos de protensão podem servir como um caminho direto para a entrada de agentes agressivos.

Mecanismos de Corrosão:

Corrosão por Pites (Pitting): Similar à que ocorre na armadura passiva, mas muito mais perigosa no aço de protensão. A perda de seção se concentra em um ponto pequeno, criando um entalhe que, sob a alta tensão do cabo, pode levar a uma ruptura frágil com pouquíssimo aviso prévio.

Corrosão Sob Tensão (Stress Corrosion Cracking - SCC): Ocorre quando o aço de alta resistência é exposto a um ambiente corrosivo específico (como cloretos ou sulfetos) enquanto está sob alta tensão. Microfissuras se formam e se propagam rapidamente através do material, levando a uma falha súbita.

Fragilização por Hidrogênio (Hydrogen Embrittlement): O hidrogênio, que pode ser um subproduto do processo de corrosão ou de fontes externas, pode penetrar na estrutura cristalina do aço de alta resistência, tornando-o extremamente frágil e suscetível à ruptura sob tensões bem abaixo da sua capacidade nominal.

O grande perigo da corrosão em cabos de protensão é que, ao contrário da corrosão da armadura comum que gera expansão e fissuração visível do cobrimento, a corrosão dentro do duto pode ocorrer de forma oculta. Muitas vezes, o primeiro sinal do problema é a ruptura de um ou mais fios ou cordoalhas.

9.3.2. Patologias nas Ancoragens

As ancoragens são os dispositivos que transferem a enorme força dos cabos para o concreto. São pontos de altíssima concentração de tensões e de grande complexidade.

Corrosão dos Componentes: As placas de ancoragem, as cunhas que travam os cabos e os blocos de concreto adjacentes podem sofrer corrosão se não forem adequadamente protegidos por capas preenchidas com graxa ou argamassa.

Danos no Concreto: As altas tensões de compressão podem causar o esmagamento ou a fissuração do concreto atrás da placa de ancoragem, levando à perda de protensão.

Infiltração: As trombetas de ancoragem são pontos críticos para a entrada de água nos dutos se o selamento for deficiente. Manchas de umidade, eflorescências ou escorrimento de ferrugem na região das ancoragens são sinais de alerta gravíssimos.

9.4. Inspeção e Diagnóstico de Estruturas Protendidas

A natureza oculta das patologias de protensão exige técnicas de investigação mais sofisticadas do que as usadas para o concreto armado convencional.

Inspeção Visual Detalhada: O inspetor deve procurar por sinais sutis que possam indicar problemas internos:

- Manchas de ferrugem ou umidade emanando das ancoragens ou de fissuras no concreto.
- Fissuras longitudinais que seguem o traçado dos cabos de protensão.
- Sinais de ruptura de fios, como pequenas pontas de aço projetando-se das ancoragens.
- Som oco ao percutir o concreto sobre a linha dos dutos, o que pode indicar vazios na bainha.

Ensaios Não Destrutivos Específicos:

Endoscopia/Videoscopia: É uma técnica semidestrutiva poderosa. Um pequeno furo é feito na estrutura até atingir o duto de protensão. Uma sonda com uma microcâmera (endoscópio) é inserida no duto, permitindo a visualização direta da condição dos cabos e da qualidade do preenchimento da bainha. Permite confirmar a presença de vazios, água e corrosão.

Impact-Echo (Eco de Impacto): Técnica sônica que utiliza o impacto de uma pequena esfera na superfície do concreto e mede a resposta em frequência das ondas refletidas. É capaz de detectar a presença de vazios (delaminações) em seções de concreto e, em condições favoráveis, identificar dutos mal preenchidos.

Monitoramento de Emissão Acústica: Sensores acústicos de alta sensibilidade são instalados na estrutura para "escutar" os sons de alta frequência gerados pela ruptura de fios de aço. É uma técnica de monitoramento em tempo real que pode alertar para um processo de degradação ativo.

9.5. Técnicas de Reparo e Intervenção

Reparar um sistema de protensão danificado é uma tarefa complexa, cara e de alta responsabilidade.

Reinjeção de Bainhas: Se a endoscopia revelar a presença de vazios em um duto, mas os cabos ainda estiverem em bom estado, é possível realizar a injeção desses vazios com natas de cimento especiais, de alta fluidez e baixa retração, para restaurar a proteção.

Substituição de Cabos e Ancoragens: Em casos de corrosão severa, pode ser necessária a substituição de cabos. Essa é uma operação extremamente complexa. É mais viável para sistemas de protensão externa, onde os cabos são visíveis e acessíveis. Para sistemas internos (aderentes), a substituição é praticamente inviável sem a demolição do elemento.

Reforço com Novos Cabos de Protensão Externa: Frequentemente, a solução mais prática e segura para compensar a perda de capacidade causada pela corrosão de cabos internos não é tentar repará-los, mas sim adicionar um novo sistema de protensão externa. Novos cabos são instalados por fora da viga, ancorados em blocos de concreto construídos para esse fim, e protendidos para restaurar a força de compressão necessária.

9.6. Considerações Finais do Capítulo

As pontes de concreto protendido representam um avanço notável da engenharia, mas sua complexidade traz consigo desafios únicos de durabilidade. Este capítulo demonstrou que as patologias mais perigosas nestas estruturas são, em sua maioria, ocultas, e estão ligadas a falhas no sistema de proteção do aço de alta resistência.

A integridade da injeção da bainha e das ancoragens é a chave para a longevidade de uma ponte protendida. A corrosão, quando se instala, pode levar a falhas súbitas e catastróficas. Por isso, a inspeção e o diagnóstico dessas estruturas exigem um nível de suspeita elevado e o uso de técnicas investigativas específicas, capazes de "ver" o que acontece dentro do concreto.

A complexidade e o custo dos reparos em sistemas de protensão reforçam a importância da qualidade na fase de construção. Uma injeção de bainha bem executada é o melhor e mais barato seguro contra patologias futuras. Para o engenheiro de manutenção, o desafio é constante: monitorar, investigar e agir antes que os problemas silenciosos se tornem falhas ruidosas.

Com o entendimento das patologias, tanto do concreto armado quanto do protendido, passamos a uma nova esfera de discussão. **O próximo capítulo abordará os "Aspectos Legais, Contratuais e de Responsabilidade"**, tratando do enquadramento normativo e jurídico que rege o trabalho do engenheiro na manutenção e recuperação de pontes.

Capítulo 10
Aspectos Legais, Contratuais e de Responsabilidade

10.1. Introdução: A Engenharia Além da Técnica

A prática da engenharia, especialmente em uma área de tamanha importância pública como a de pontes e viadutos, transcende a aplicação de fórmulas, o domínio de softwares e a escolha de materiais. Cada cálculo, cada decisão de projeto, cada assinatura em um laudo ou relatório carrega consigo um peso imenso de responsabilidade. As consequências de um erro, omissão ou negligência não são apenas financeiras; elas podem impactar diretamente a segurança e a vida de milhares de pessoas.

Por essa razão, o engenheiro que atua na inspeção, diagnóstico e recuperação de estruturas deve possuir, além de sólida competência técnica, uma clara compreensão do ambiente legal e contratual em que está inserido. Quem é o responsável pela falta de manutenção de uma ponte? Quais as implicações legais de um laudo de inspeção? Como são estruturados os contratos para esses serviços?

Este capítulo se dedica a explorar essas questões. Abordaremos a responsabilidade civil e criminal do engenheiro, o papel do poder público, as modalidades contratuais para serviços de engenharia no Brasil e a força que as normas técnicas da ABNT possuem em processos judiciais. O objetivo é fornecer um guia sobre as "regras do jogo", capacitando o profissional a navegar com segurança e consciência em suas obrigações.

10.2. A Responsabilidade do Engenheiro: Civil e Criminal

A profissão de engenheiro é regulamentada e fiscalizada pelo sistema CONFEA/CREA. Um dos principais instrumentos que formaliza a responsabilidade do profissional é a **Anotação de Responsabilidade Técnica (ART)**. Ao emitir uma ART para um serviço de inspeção, um projeto de recuperação ou a execução de um reparo, o engenheiro assume perante a lei e a sociedade a responsabilidade por aquele trabalho.

10.3. Responsabilidade Civil

A responsabilidade civil trata da obrigação de reparar um dano causado a outrem, seja ele material ou moral. No contexto da engenharia de pontes, ela se manifesta de várias formas:

Código Civil Brasileiro (Lei nº 10.406/2002): O Art. 618 do Código Civil é um dos mais importantes para a construção civil. Ele estabelece que:

"Nos contratos de empreitada de edifícios ou outras construções consideráveis, o empreiteiro de materiais e execução responderá, durante o prazo irredutível de cinco anos, pela solidez e segurança do trabalho, assim em razão dos materiais, como do solo."

Embora o artigo mencione "empreiteiro", a jurisprudência estende essa responsabilidade ao projetista e ao fiscal da obra. Isso significa que, para uma obra nova ou um grande serviço de recuperação estrutural, o engenheiro responsável garante a solidez e a segurança por um período mínimo de cinco anos. Caso um problema decorrente de falha de projeto ou execução surja nesse período, ele tem a obrigação de repará-lo.

Código de Defesa do Consumidor (Lei nº 8.078/1990): Os serviços de engenharia e a própria estrutura podem ser enquadrados como uma relação de consumo. O CDC estabelece a responsabilidade objetiva do fornecedor por "vícios do produto ou do serviço". Uma fissura estrutural que surge prematuramente, por exemplo, pode ser considerada um "vício de qualidade por insegurança", e o profissional ou empresa responsável pode ser acionado para sanar o problema.

10.4. Responsabilidade Criminal

A responsabilidade se torna criminal quando a conduta do profissional (por negligência, imprudência ou imperícia) resulta em um crime, como lesão corporal ou morte. Se o colapso de uma ponte, comprovadamente causado pela falha de um engenheiro em apontar um risco iminente em um laudo ou por um erro grosseiro em um projeto de reforço, resultar em vítimas, o profissional poderá responder criminalmente.

Os crimes mais comuns nesse contexto são:

Desabamento ou desmoronamento (Art. 256 do Código Penal): Expor a perigo a vida, a integridade física ou o patrimônio de outrem, causando desabamento ou desmoronamento.

Lesão Corporal Culposa ou Homicídio Culposo (quando não há a intenção): Se o desabamento resultar em feridos ou mortos, a pena é agravada.

Um exemplo trágico e notório no Brasil foi o desabamento de parte da Ciclovia Tim Maia, no Rio de Janeiro, em 2016. O evento levou à responsabilização criminal de engenheiros e técnicos envolvidos no projeto e na fiscalização da obra, evidenciando que a justiça tem sido cada vez mais rigorosa na apuração de responsabilidades técnicas em desastres na engenharia.

10.5. A Responsabilidade do Poder Público

Se o engenheiro tem a responsabilidade técnica, o poder público (seja a União, através do **DNIT**, um estado, através de seu **DER**, ou um município) tem a responsabilidade como proprietário e gestor da infraestrutura. É dever do Estado garantir a segurança das vias e das estruturas sob sua administração.

Responsabilidade Objetiva do Estado: Vigora no direito brasileiro o princípio da responsabilidade objetiva do Estado. Isso significa que, se um cidadão sofrer um dano em decorrência de uma falha do serviço público (como um acidente causado por um buraco em uma ponte ou, no caso extremo, seu colapso), o Estado tem o dever de indenizar, independentemente de se comprovar a culpa de um agente específico. Basta a comprovação do dano e do nexo causal com a falha (ou omissão) do Estado. A falta de manutenção é uma omissão.

Ação dos Tribunais de Contas: Os Tribunais de Contas (TCU, TCEs, TCMs) têm um papel fundamental na fiscalização. Eles podem realizar auditorias nos programas de manutenção de Obras de Arte Especiais (OAEs), apontar a falta de investimentos, a ausência de inspeções e determinar que os gestores públicos tomem providências, sob pena de multa e outras sanções previstas na Lei de Responsabilidade Fiscal.

Ação Civil Pública: O Ministério Público também pode ajuizar ações civis públicas para obrigar um ente federativo a realizar a manutenção ou recuperação de uma ponte que apresente risco à coletividade, sendo um importante instrumento de controle social.

10.6. Modalidades Contratuais para Serviços de Inspeção e Recuperação

A contratação de serviços de engenharia pelo poder público é um processo formal, regido atualmente pela **Lei nº 14.133/2021 (Nova Lei de Licitações e Contratos Administrativos).** O entendimento dos principais modelos contratuais é essencial para as empresas e profissionais que atuam na área.

Contratação de Serviços de Inspeção: Geralmente, os contratos para inspeções cadastrais ou rotineiras são feitos para um lote de dezenas ou centenas de pontes. O pagamento pode ser por estrutura inspecionada. Já as inspeções especiais, por sua complexidade, são usualmente contratadas individualmente.

Contratação de Projetos de Recuperação: Por se tratar de um serviço técnico especializado de natureza predominantemente intelectual, a licitação para a elaboração do projeto de recuperação não pode ser baseada unicamente no menor preço. A lei prevê modalidades como "Técnica e Preço" ou "Melhor Técnica", que valorizam a qualificação e a experiência da empresa projetista.

Contratação de Obras de Recuperação: A execução da obra de reparo ou reforço pode seguir diferentes regimes:

Empreitada por Preço Unitário: É o modelo mais comum e adequado para obras de recuperação. O pagamento é feito com base nas quantidades de cada serviço efetivamente executado (ex: R$/m^3 de concreto, R$/m^2 de tratamento de fissura, R$/kg de aço de reforço), medidas após a execução.

Esse modelo oferece flexibilidade, pois a extensão real dos danos muitas vezes só é conhecida após o início dos trabalhos.

Empreitada por Preço Global: Um preço fixo é estabelecido para a totalidade da obra. É mais adequado para obras com projetos muito bem definidos e baixa incerteza, o que é raro em serviços de recuperação.

Contratação Integrada: Neste regime, uma única empresa é contratada para elaborar o projeto executivo e realizar a obra. O objetivo é otimizar a integração entre projeto e construção, mas exige que a administração pública tenha um anteprojeto muito bem elaborado.

10.7. As Normas Técnicas e sua Força de Lei

Ao longo de todo este livro, a importância das normas da **Associação Brasileira de Normas Técnicas (ABNT)** foi constantemente ressaltada. Normas como a **NBR 6118** (Projeto de estruturas de concreto), **NBR 9452** (Inspeção de pontes) e **NBR 7188** (Carga móvel rodoviária) são a espinha dorsal da boa prática da engenharia.

É crucial entender que, embora não sejam leis no sentido estrito da palavra, as normas técnicas adquirem "força de lei" em qualquer discussão judicial ou processo administrativo.

Em um processo para apurar a responsabilidade por uma falha estrutural, o perito judicial e o juiz utilizarão as normas técnicas como o parâmetro para avaliar se a conduta do engenheiro foi tecnicamente correta e diligente.

O Ônus da Prova: Se um engenheiro opta por não seguir uma recomendação normativa, o ônus de provar que sua solução alternativa era segura e tecnicamente justificável recai inteiramente sobre ele.

Referência para a Qualidade: As normas definem o padrão de qualidade e segurança esperado para um serviço de engenharia. Descumprir uma norma é, para todos os efeitos legais, um forte indício de negligência ou imperícia.

Portanto, todo o trabalho de inspeção, diagnóstico e projeto de recuperação deve ser rigorosamente documentado e fundamentado nas prescrições das normas técnicas pertinentes.

10.8. Considerações Finais do Capítulo

A prática da engenharia de recuperação de pontes é uma atividade de alta complexidade e responsabilidade, que se desenrola em uma interface constante entre a técnica e o direito.

Este capítulo demonstrou que o conhecimento técnico, por si só, não é suficiente. É imperativo que o profissional conheça suas responsabilidades legais, os deveres do poder público e a lógica dos processos contratuais que regem sua atividade.

A assinatura em uma ART não é um ato simbólico. É um compromisso com a segurança pública e um reconhecimento da sua responsabilidade perante a sociedade e a lei.

Atuar em conformidade com as normas técnicas, documentar cada passo e cada decisão, e compreender a extensão de suas obrigações são os pilares de uma prática profissional ética, segura e bem-sucedida.

Com esta base sobre as responsabilidades que nos cercam, estamos prontos para a etapa final de nosso aprendizado. **O próximo capítulo apresentará uma série de "Estudos de Caso Aprofundados"**, nos quais poderemos ver a aplicação prática de todos os conceitos técnicos, diagnósticos e de recuperação discutidos até aqui em cenários realistas da engenharia de pontes brasileira.

Capítulo 11
Estudos de Caso Aprofundados

11.1. Introdução: A Engenharia na Prática

Ao longo dos capítulos anteriores, construímos uma base sólida de conhecimento teórico e prático sobre as patologias em pontes de concreto. Discutimos como inspecionar, como diagnosticar, quais as soluções disponíveis e quais as responsabilidades que nos cercam. Agora, é o momento de ver essa engrenagem em funcionamento.

Este capítulo final se afasta da teoria para mergulhar em situações práticas através de três estudos de caso aprofundados. Estes casos, embora apresentados de forma didática, são inspirados em desafios reais e recorrentes encontrados na engenharia de pontes brasileira. Cada estudo seguirá a jornada lógica que propusemos no livro: começaremos com a identificação do problema, passaremos pela investigação diagnóstica, detalharemos a concepção da solução de recuperação e, por fim, extrairemos as principais lições aprendidas.

O objetivo é ilustrar como os diferentes conceitos se conectam e como o raciocínio de engenharia é aplicado para se chegar a uma solução segura, durável e viável. Estes exemplos servirão para solidificar o aprendizado e demonstrar, na prática, o valor de uma abordagem sistemática e bem fundamentada para o tratamento de nossas valiosas obras de arte especiais.

11.2. Caso 1: Recuperação e Reforço de Viaduto Urbano sob Tráfego Intenso

A. Descrição da Estrutura e do Problema

Identificação: Um Viaduto, localizado em uma movimentada avenida de uma grande capital brasileira. A estrutura, construída no início da década de 1970, consiste em vigas longarinas de concreto armado simplesmente apoiadas, com 25 metros de vão.

Histórico e Queixa Principal: O viaduto é uma artéria vital para o tráfego da cidade. Uma inspeção rotineira realizada pela prefeitura, em conformidade com a **NBR 9452**, apontou um estado de conservação "Ruim", com a presença de desplacamento de concreto nas vigas e fissuração excessiva, recomendando uma inspeção especial para diagnóstico detalhado.

B. Inspeção e Diagnóstico

Inspeção Visual (Achados): A inspeção especial confirmou os achados da rotineira e detalhou:

Fissuras de flexão nas faces inferiores das vigas centrais, com aberturas de até 1.0 mm.

Desplacamento de concreto (spalling) em várias vigas, com exposição e corrosão das armaduras longitudinais e dos estribos. A perda de seção das armaduras foi estimada visualmente em cerca de 10%.

Juntas de dilatação obstruídas e com selante deteriorado, permitindo a infiltração de água diretamente sobre os aparelhos de apoio e as travessinas.

Ensaios Realizados (Investigação):

Pacometria: Revelou um cobrimento médio de apenas 25 mm nas vigas, insuficiente para a classe de agressividade ambiental urbana.

Esclerometria e Ultrassom: Indicaram uma qualidade de concreto heterogênea, com resistência estimada entre 20 e 25 MPa.

Extração de Testemunhos: Confirmou a baixa resistência do concreto, com um fck médio de 22 MPa. A análise dos testemunhos também mostrou uma profundidade de carbonatação de 30 a 40 mm, que já havia ultrapassado a linha da armadura principal.

Análise Estrutural (Modelagem): Foi criado um modelo em elementos finitos da superestrutura. A aplicação do trem-tipo da **NBR 7188** no modelo, com a resistência real do concreto e a seção reduzida da armadura, demonstrou que as tensões na armadura de tração ultrapassavam em 25% o limite de escoamento, e a verificação ao cisalhamento estava no limite.

Diagnóstico Final: A degradação do viaduto era causada pela **combinação de corrosão das armaduras induzida por carbonatação** (devido ao baixo cobrimento e à idade da estrutura) **com a insuficiência estrutural das vigas para suportar o tráfego pesado atual**, muito superior ao da época de sua construção. As fissuras excessivas eram um sintoma tanto da sobrecarga quanto da perda de aderência causada pela corrosão.

C. Projeto de Recuperação e Reforço (A Solução)

Critérios de Projeto: A intervenção deveria restaurar a integridade e a segurança da estrutura, garantir uma vida útil adicional de pelo menos 25 anos e ser executada com o mínimo de impacto no tráfego, prevendo trabalhos predominantemente noturnos.

Etapas da Intervenção:

Reparo Estrutural do Concreto:

- Remoção de todo o concreto solto e deteriorado até atingir um substrato são.
- Limpeza completa das armaduras por jateamento abrasivo e aplicação de primer anticorrosivo.
- Recomposição da seção das vigas com argamassa polimérica tixotrópica, aplicada manualmente.

Reforço Estrutural:

Reforço à Flexão: Após o reparo, a face inferior das vigas foi preparada e reforçada com a colagem de laminados de polímero reforçado com fibra de carbono (CFRP). Os laminados foram dimensionados para absorver o déficit de capacidade à flexão.

Reforço ao Cisalhamento: Nas regiões próximas aos apoios, foram aplicadas mantas de **CFRP** em forma de "U", envolvendo as faces laterais e inferior das vigas para atuar como estribos externos e aumentar a resistência ao cisalhamento.

Tratamento das Juntas e Drenagem: Substituição completa de todas as juntas de dilatação e limpeza e reparo do sistema de drenagem.

Proteção Final: Aplicação de uma pintura protetora anticarbonatação em toda a superfície das vigas para prevenir a reentrada de agentes agressivos.

Justificativa da Solução: O reforço com **FRP** foi escolhido por sua alta eficiência, leveza (não adiciona peso significativo à estrutura) e rapidez de aplicação, fatores cruciais para uma obra em ambiente urbano com restrições de tráfego.

D. Lições Aprendidas

A degradação de estruturas antigas raramente tem uma causa única; geralmente é uma sobreposição de degradação por envelhecimento com a inadequação às cargas modernas.

A modelagem estrutural alimentada com dados de ensaios reais é uma ferramenta indispensável para um diagnóstico preciso da capacidade residual.

O reforço com **FRP** é uma solução extremamente eficaz para a readequação de estruturas, mas depende criticamente da qualidade do reparo do substrato.

11.3. Caso 2: Ponte em Ambiente Rural sobre Rio com Socavação de Fundação

A. Descrição da Estrutura e do Problema

Identificação: Ponte, localizada em uma rodovia estadual vicinal. A ponte, de 1985, possui 3 vãos de 30 metros, com pilares de concreto armado fundado em tubulões diretamente no leito do rio.

Histórico e Queixa Principal: Moradores locais e usuários da rodovia relataram o surgimento de um "degrau" na entrada da ponte e fissuras visíveis em um dos pilares após um período de chuvas intensas e cheias no rio.

B. Inspeção e Diagnóstico

Inspeção Visual (Achados):

Recalque diferencial de aproximadamente 8 cm no encontro de um dos lados da ponte.

O pilar central (P2) apresentava uma inclinação visível e fissuras de cisalhamento em sua base.

Uma inspeção subaquática realizada por mergulhadores revelou o problema principal: a base do pilar P2 estava "solta", com o solo ao seu redor tendo sido completamente erodido pela força da água. O processo, conhecido como **socavação**, havia exposto cerca de 2 metros da base do tubulão, que deveria estar enterrado.

Ensaios Realizados (Investigação):

Batimetria e Sondagem: Um levantamento batimétrico (medição da profundidade do rio) confirmou a presença de um buraco profundo no leito ao redor do pilar P2. Sondagens geotécnicas foram realizadas para caracterizar o solo remanescente.

Monitoramento Topográfico: O monitoramento contínuo confirmou que a estrutura continuava a se movimentar, indicando um risco iminente de colapso.

Diagnóstico Final: Colapso iminente do pilar P2 devido à perda de sustentação de sua fundação, causada por um processo severo de socavação. As fissuras e recalques eram consequências diretas deste problema fundamental. A causa raiz foi um projeto de fundação que não previu adequadamente a velocidade do rio durante as cheias.

C. Projeto de Recuperação e Reforço (A Solução)

Critérios de Projeto: A intervenção era **emergencial**. O objetivo era, primeiramente, estabilizar a estrutura para eliminar o risco de colapso e, em seguida, projetar uma solução de recuperação definitiva e de proteção contra futuras erosões.

Etapas da Intervenção:

Interdição e Escoramento: A ponte foi imediatamente interditada ao tráfego. Uma estrutura de escoramento metálico foi projetada e instalada para transferir as cargas do vão central, aliviando o pilar danificado.

Contenção e Recuperação da Fundação:

Construção de uma ensecadeira (cofferdam) de estacas-prancha ao redor do pilar P2 para criar uma área de trabalho seca.

Execução de novas estacas-raiz ao redor e através do tubulão existente, transferindo a carga para camadas de solo mais profundas e competentes.

Construção de um novo bloco de coroamento em concreto armado, integrando as novas estacas ao pilar existente.

Recuperação Estrutural do Pilar: Após a estabilização da fundação, o pilar P2 foi reparado através da injeção das fissuras e de um encamisamento parcial de sua base com concreto armado.

Proteção Contra Futura Socavação: Após a retirada da ensecadeira, foi executado um colchão de gabião e enrocamento (blocos de rocha) ao redor da base do pilar para proteger o leito do rio contra novas erosões.

Macaqueamento e Liberação: A superestrutura foi "macaqueada" (erguida com macacos hidráulicos) de volta ao seu nível original, e os aparelhos de apoio foram substituídos antes da liberação para o tráfego.

D. Lições Aprendidas

A inspeção de pontes sobre rios deve, obrigatoriamente, incluir uma avaliação das condições das fundações e do leito, especialmente após eventos de cheia.

A socavação é uma das principais causas de colapso de pontes em todo o mundo. É uma patologia silenciosa que pode evoluir rapidamente.

Intervenções em fundações são complexas e de alto custo, o que reforça a importância de um projeto geotécnico e hidrológico robusto na fase de concepção da ponte.

11.4. Caso 3: Ponte Protendida em Zona Marítima com Corrosão Oculta

A. Descrição da Estrutura e do Problema

Identificação: Ponte em viga-caixão de concreto protendido, construída em 1995, conectando uma ilha ao continente, em ambiente de alta agressividade marítima (maresia intensa).

Histórico e Queixa Principal: Durante uma inspeção rotineira, foram observadas manchas de umidade com escorrimento de ferrugem em algumas das ancoragens dos cabos de protensão, localizadas dentro da viga-caixão.

B. Inspeção e Diagnóstico

Inspeção Visual (Achados): A inspeção detalhada dentro dos vãos-caixão revelou:

- Corrosão visível nas placas de ancoragem de três cabos.
- Fissuras longitudinais finas na face inferior da viga, seguindo o traçado de alguns cabos de protensão.
- Percussão com martelo sobre o concreto na linha dos dutos indicou som oco em vários trechos.

Ensaios Realizados (Investigação):

Potencial de Corrosão: Mapeamento realizado na face inferior da viga revelou áreas com alta probabilidade de corrosão (> -350mV).

Endoscopia: Pequenos furos foram feitos para acessar os dutos de protensão nos locais de som oco. A inspeção com a microcâmera foi conclusiva:

- Presença de grandes vazios na injeção da bainha.
- Acúmulo de água estagnada e com alta concentração de cloretos dentro dos dutos.
- Corrosão por pites visível em vários fios e cordoalhas dos cabos inspecionados.

Análise Estrutural: A análise considerou a hipótese de ruptura de 1 a 2 cabos de protensão, mostrando que a ponte perderia sua capacidade de serviço e se aproximaria perigosamente do colapso.

Diagnóstico Final: Corrosão severa e ativa dos cabos de protensão, causada pela infiltração de íons

cloreto através das ancoragens e pela falha generalizada na injeção da bainha (grout). A estrutura estava em risco de ruptura frágil devido à falha dos cabos.

C. Projeto de Recuperação e Reforço (A Solução)

Critérios de Projeto: A solução deveria restaurar a segurança estrutural, garantir uma proteção duradoura contra o agressivo ambiente marinho e ser implementável com a ponte ainda em operação, com restrições de carga.

Etapas da Intervenção:

Monitoramento Acústico: Instalação imediata de um sistema de monitoramento de emissão acústica para detectar eventuais rupturas de fios em tempo real e permitir a interdição da ponte se necessário.

Reforço com Protensão Externa: A solução mais segura foi adicionar um novo sistema de protensão. Foram projetados e construídos novos blocos de ancoragem de concreto nas extremidades das vigas, e novos cabos de **protensão externa** foram instalados, tracionados e injetados. Este novo sistema foi dimensionado para restabelecer e até mesmo superar a força de protensão original.

Tratamento das Ancoragens Existentes: As ancoragens danificadas foram tratadas. As capas foram removidas, a corrosão foi limpa e um novo sistema de encapsulamento com graxa protetiva foi aplicado.

Instalação de Proteção Catódica: Para paralisar o processo corrosivo nos cabos internos remanescentes e na armadura passiva da viga-caixão, foi instalado um sistema de **Proteção Catódica por Corrente Impressa (ICCP).** Ânodos de titânio foram fixados em toda a superfície interna da viga, e uma corrente controlada foi aplicada para proteger o aço.

Selagem e Proteção: Todas as fissuras foram seladas e um revestimento impermeável foi aplicado em toda a superfície externa da ponte.

Justificativa da Solução: Tentar reparar os cabos internos seria inviável e inseguro. A adição de protensão externa foi a única forma de garantir a restauração da capacidade de carga. A proteção catódica foi a única técnica capaz de garantir a paralisação da corrosão por cloretos em longo prazo.

D. Lições Aprendidas

A qualidade da injeção da bainha é o fator mais crítico para a durabilidade de pontes protendidas, especialmente em ambientes agressivos.

A inspeção de estruturas protendidas exige técnicas investigativas específicas, como a endoscopia, pois os danos mais graves podem estar ocultos.

Em casos de corrosão severa de cabos internos, o reforço com protensão externa é, muitas vezes, a solução de engenharia mais segura e eficaz.

Capítulo 12

Segurança, Saúde e Meio Ambiente na Inspeção de Campo

12.1. A Análise Preliminar de Risco (APR) como Ferramenta Técnica

Nenhuma inspeção deve ser iniciada sem a elaboração de uma Análise Preliminar de Risco (APR). Este documento deve identificar cada perigo potencial desde a aproximação da obra até o acesso aos elementos mais remotos da infraestrutura, estabelecendo medidas de controle rigorosas. A segurança da equipe é inegociável e sobrepõe-se a qualquer cronograma de inspeção.

12.2. Riscos Biológicos: Animais Peçonhentos e Silvestres

As Obras de Arte Especiais (OAEs), especialmente em ambientes rurais ou de transição, funcionam frequentemente como abrigos para a fauna local devido à proteção contra intempéries e ao isolamento térmico proporcionado pelas grandes massas de concreto.

Animais Peçonhentos: Regiões de encontro (transição ponte-aterro), juntas de dilatação obstruídas e o interior de vigas-caixão são locais preferenciais para serpentes, escorpiões e aranhas.

Medida Técnica: É obrigatório o uso de perneiras de proteção ou botas de cano alto com biqueira de aço. Antes de manusear detritos em juntas ou inspecionar superfícies cegas, deve-se utilizar bastões de inspeção para "varrer" o local, evitando o contato manual direto inicial.

Animais Silvestres: Em biomas como a Amazônia ou o Pantanal, o inspetor pode encontrar animais de maior porte (onças, jacarés ou colmeias de abelhas africanizadas).

Medida Técnica: A equipe nunca deve trabalhar isolada. Caso detectada a presença de animais silvestres que ofereçam risco, a inspeção deve ser suspensa imediatamente até que o local seja considerado seguro ou que o animal se desloque. O uso de repelentes ultrassônicos e a manutenção de uma distância de segurança são protocolos padrão.

12.3. Vegetação Densa e a Necessidade de "Abrir Picada"

Muitas vezes, a visibilidade de pilares e encontros está totalmente obstruída por vegetação densa. A limpeza da área não é apenas necessária para o acesso, mas para a própria visualização de patologias como a socavação e fissuras de compressão.

Técnica de Supressão: O ato de "abrir picada" deve ser feito com ferramentas de corte (facões ou roçadeiras) devidamente afiadas e manuseadas por pessoal treinado.

Riscos Associados: O desmatamento pontual expõe o inspetor a riscos de cortes, picadas de insetos e contato com plantas urticantes. Recomenda-se o uso de vestimentas de manga longa em tecido resistente (NR-31 adaptada) e proteção facial contra estilhaços de madeira e galhos.

12.4. Interfaces com Propriedades Privadas e Zona de Domínio

Um desafio logístico e legal comum no Brasil é a ocupação da zona de domínio do DNIT por propriedades privadas.

Procedimento Ético e Legal: Embora o órgão gestor tenha direito de passagem, o inspetor deve agir com diplomacia. Antes de ingressar em áreas cercadas que deem acesso à base da ponte, é fundamental tentar o contato com o proprietário para informar a natureza pública e técnica do serviço.

Segurança Pessoal: Em locais de conflito fundiário ou zonas de risco social, a inspeção deve ser acompanhada por escolta ou agendada com apoio de órgãos de segurança pública, evitando confrontos que coloquem a equipe em perigo.

12.5. Segurança Viária: Riscos de Tráfego e Sinalização

O risco de atropelamento é um dos mais críticos em inspeções de pontes rodoviárias, onde veículos transitam em alta velocidade.

Uso de Coletes Refletores: O uso de coletes de alta visibilidade (padrão classe 2 ou 3) é obrigatório durante todo o tempo de permanência na pista ou acostamento. A refletividade garante que o inspetor seja visto a distâncias superiores a 300 metros sob iluminação de faróis.

Posicionamento do Veículo de Inspeção: O carro de apoio deve funcionar como uma barreira física e visual.

Regra de Ouro: Estacione o veículo antes da ponte (no sentido do fluxo), com as luzes de advertência (pisca-alerta e giroflex) ligadas, respeitando uma distância de segurança que permita a frenagem de um veículo desgovernado sem atingir a equipe.

Sinalização Ativa: O uso de cones, bandeirolas e placas de "Homens na Pista" deve seguir rigorosamente os esquemas de sinalização do DNIT ou DER local.

12.6. Manuseio de Instrumentos e Ferramentas de Precisão

Ferramentas aparentemente inofensivas podem causar acidentes leves que, se infectados no ambiente de campo, tornam-se complicações sérias.

Paquímetros e Fissurometros: As hastes metálicas de paquímetros digitais ou analógicos possuem bordas afiadas que podem causar cortes nos dedos durante a medição de abertura de fissuras.

Martelos de Percussão: O uso do martelo de geólogo para detecção de som oco (delaminação) exige proteção ocular (óculos de segurança) contra o ricochete de fragmentos de concreto carbonatado que podem se soltar com o impacto.

Trenas Metálicas: O recolhimento rápido de trenas longas pode causar lacerações palmares. O uso de luvas de vaqueta ou nitrílicas com boa sensibilidade tátil é recomendado para equilibrar proteção e precisão.

12.7. Trabalho Próximo a Corpos d'Água e Altura

A inspeção de infraestrutura sobre rios exige protocolos de salvatagem.

Uso de Coletes Salva-vidas: Obrigatório sempre que a inspeção ocorrer sobre a água ou em barcos.

Acesso por Cordas e Plataformas: Para elementos elevados, como o topo de pilares e faces externas de vigas, deve-se utilizar apenas profissionais certificados (IRATA ou equivalente) e equipamentos com inspeção válida (NR-35).

12.8. Higiene e Saúde Ocupacional

O inspetor deve estar atento à exposição solar prolongada (uso de protetor solar e hidratação constante) e à vacinação em dia (especialmente contra tétano e febre amarela), dado o ambiente de exposição constante a metais oxidados e zonas de mata.

Capítulo 13
Composição de Honorários e Custos Operacionais

13.1. A Natureza do Serviço: Valor Intelectual vs. Custo Operacional

Diferentemente de obras novas, a inspeção e o diagnóstico são serviços de natureza predominantemente intelectual e de alta responsabilidade civil e criminal. O valor cobrado não deve remunerar apenas as horas em campo, mas o conhecimento especializado para interpretar "sintomas" estruturais e a garantia técnica oferecida no laudo.

13.2. Variáveis de Precificação em Função do Contratante

A estratégia de cobrança deve ser adaptada ao perfil do cliente, visto que os fluxos de trabalho e as exigências legais divergem consideravelmente:

Setor Público (DNIT, DER, Municípios): Geralmente regido pela Lei nº 14.133/2021, onde os preços são referenciados por tabelas oficiais como SICRO ou SINAPI. Aqui, o lucro advém da eficiência operacional e do ganho de escala em lotes de obras.

Concessionárias de Rodovias: Demandam rigoroso cumprimento de prazos e padrões de relatórios específicos, muitas vezes integrados a sistemas de gestão (SGO). O risco de multas contratuais por atraso deve ser computado no preço.

Setor Privado (Indústrias, Condomínios Logísticos): Valoriza-se a velocidade de resposta e a solução de problemas que impactam a operação econômica. A precificação costuma ser mais flexível, permitindo margens que reflitam a especificidade do diagnóstico.

13.3. Métodos de Cobrança: Horas, Área ou Escala

A escolha da unidade de medida para o orçamento depende do nível de detalhamento solicitado:

Por Hora Técnica: Ideal para consultorias de diagnóstico técnico-científico, análise de ensaios complexos ou modelagem estrutural avançada (MEF). Deve-se diferenciar a hora do engenheiro sênior (especialista), pleno e do auxiliar técnico.

Por Metro Quadrado (m2): Aplicável a inspeções cadastrais e rotineiras em grandes tabuleiros. Facilita a estimativa para o cliente, mas exige cautela em estruturas com muitos elementos inferiores de difícil acesso.

Por Lote (Quantidade de Obras): Estratégia comum em contratos públicos13. O valor por unidade é reduzido em função da otimização logística (mesma equipe e deslocamentos para várias pontes na mesma região).

13.4. Estrutura de Custos e Opções de Cobrança Inicial

Para garantir a saúde financeira do projeto, recomenda-se a cobrança de um Adiantamento de Mobilização (geralmente entre 15% e 30% do valor total). Este valor visa cobrir os custos imediatos de logística e preparação antes da entrega do primeiro produto.

Demonstrativo Médio de Itens de Custo

Abaixo, apresentam-se os componentes que devem compor a planilha de custos diretos, além dos honorários profissionais. A tabela busca ser apenas um guia simples e, por esse motivo, deve ser utilizada pelo profissional apenas como referência, pois cada inspeção possuirá suas particularidades que podem, no fim, aumentar ou diminuir o orçamento final ofertado ao cliente. A tabela também deve ser usada com cautela dada a possibilidade de não captação do cliente por falta de análise criteriosa do cenário.

Item de Custo	Base de Cálculo	Observações Técnicas
Logística e Mobilização	Diária / Km	Aluguel de veículo 4x4 (essencial para acessos rurais), combustível e pedágios.
Apoio Local (Embarcação)	Diária / Evento	Necessário para inspeção subaquática ou faces de pilares em rios caudalosos.
Subsistência	Por Pessoa / Dia	Hospedagem e alimentação da equipe técnica e auxiliares.
Equipe de Apoio	Hora / Homem	Profissionais auxiliares para "abrir picada", sinalização viária e auxílio no manuseio de equipamentos.
Equipamentos e Ensaios	Unidade / Ponto	Amortização ou aluguel de esclerômetros, ultrassom, pacômetros e drones.
Custos de Laboratório	Por Amostra	Ensaio de resistência à compressão de testemunhos, carbonatação e teores de cloretos.

Tabela 2 - Componentes médios de um orçamento: precificação do serviço.

13.5. Impostos, Riscos e BDI

O preço final deve ser acrescido do **BDI (Benefícios e Despesas Indiretas)**. Na engenharia diagnóstica, o BDI tende a ser superior ao de obras civis comuns devido ao elevado custo de seguros de responsabilidade civil e à incerteza sobre a extensão total dos danos antes da inspeção especial.

Preço = (Custos Diretos + Honorários) x (1 + BDI)

13.6. Considerações Finais do Capítulo

Cobrar corretamente não é apenas uma questão de lucro, mas de viabilidade técnica. Um orçamento subdimensionado compromete a qualidade da inspeção, a quantidade de ensaios realizados e, consequentemente, a segurança da estrutura. O leitor deve utilizar este capítulo como um guia para educar o contratante sobre a complexidade envolvida em garantir que uma ponte permaneça segura e funcional.

Conclusão

Ao concluirmos este último capítulo, encerramos uma jornada abrangente pelo ciclo de vida patológico de uma ponte. Vimos como a teoria da degradação se manifesta em danos reais, como a investigação em campo e em laboratório nos leva a um diagnóstico preciso, e como a engenharia de recuperação oferece um leque de soluções para restaurar a saúde e a segurança de nossas estruturas.

Os estudos de caso aqui apresentados reforçam a mensagem central que permeou toda esta obra: a engenharia de pontes é uma disciplina viva, que exige vigilância constante, conhecimento multidisciplinar e uma enorme responsabilidade. Cada estrutura tem sua própria história, suas próprias cicatrizes e seus próprios desafios. Cabe a nós, engenheiros, a nobre tarefa de sermos os guardiões desse valioso patrimônio.

Que este livro sirva não como um ponto final, mas como um ponto de partida: um guia de consulta, uma fonte de conhecimento e, acima de tudo, uma inspiração para que cada profissional da área exerça sua função com a máxima competência técnica, rigor ético e um profundo compromisso com a segurança da sociedade. Nossas pontes são mais do que concreto e aço; são os caminhos do progresso, e mantê-las seguras é a nossa mais importante missão.

Posfácio

A Vigilância como Alicerce

Ao encerrar as páginas deste guia técnico, é imperativo que o leitor olhe para além das fórmulas de recuperação e das metodologias de ensaio. O estudo das **Patologias em Pontes de Concreto Armado** não é meramente um exercício de patologia das construções; é, em sua essência, um compromisso com a preservação da vida e da confiança da sociedade na técnica.

Como vimos ao longo desta jornada, uma ponte nunca colapsa de forma súbita sem antes emitir sinais. O "silêncio das estruturas", ilustrado de forma trágica pela queda da Ponte JK, é, na verdade, um clamor por inspeção e cuidado que muitas vezes ignoramos.

Aprendemos que a engenharia de diagnóstico exige que saibamos "ouvir" a estrutura, tratando cada fissura como um sintoma e cada processo de corrosão como um agente patogênico que exige intervenção tempestiva.

A manutenção não deve ser encarada como um custo oneroso, mas como um investimento vital na segurança pública e na resiliência da nossa infraestrutura nacional. O futuro da nossa profissão aponta para uma revolução tecnológica, onde o **BIM 6D, a Inteligência Artificial e o Monitoramento Contínuo (SHM)** nos permitirão passar da manutenção reativa para uma gestão de ativos preditiva e inteligente.

Contudo, nenhuma tecnologia substituirá o olhar ético e atento do engenheiro, que permanece como o verdadeiro guardião da segurança pública.

Espero que esta obra sirva como um ponto de partida para que cada profissional, seja no campo, no escritório de cálculo ou na gestão pública, desenvolva essa vigilância constante. Que cada diagnóstico realizado com rigor e cada recuperação executada com excelência sejam os fios que sustentam a integridade das conexões que unem o nosso país.

Pois como mencionei anteriormente, a engenharia mais importante que fazemos não é apenas a de concreto e aço, mas a das relações humanas e do nosso compromisso inabalável com a vida.

Eugenio Ribeiro Nascimento

Recife, 2025

Referências Bibliográficas

Normas Técnicas e Documentos Internacionais

ASSOCIAÇÃO BRASILEIRA DE NORMAS TÉCNICAS. **NBR 9452**: Inspeção de pontes, viadutos e passarelas de concreto - Procedimento. Rio de Janeiro: ABNT, 2019.

ASSOCIAÇÃO BRASILEIRA DE NORMAS TÉCNICAS. **NBR 6118**: Projeto de estruturas de concreto - Procedimento. Rio de Janeiro: ABNT, 2023.

ASSOCIAÇÃO BRASILEIRA DE NORMAS TÉCNICAS. **NBR 7188**: Carga móvel rodoviária e de pedestres em pontes, viadutos, passarelas e outras estruturas. Rio de Janeiro: ABNT, 2024.

AMERICAN SOCIETY FOR TESTING AND MATERIALS. **ASTM C876**: Standard Test Method for Half-Cell Potentials of Uncoated Reinforcing Steel in Concrete. West Conshohocken: ASTM, 2022.

ASSOCIAÇÃO BRASILEIRA DE NORMAS TÉCNICAS. **NBR 7680-1**: Concreto - Extração, preparo e ensaio de testemunhos de concreto. Parte 1: Testemunhos cilíndricos - Preparo, ensaio e análise de resultados. Rio de Janeiro: ABNT, 2015.

ASSOCIAÇÃO BRASILEIRA DE NORMAS TÉCNICAS. **NBR 15630**: Argamassa para assentamento e revestimento de paredes e tetos - Determinação da resistência de aderência à tração. Rio de Janeiro: ABNT, 2008.

ASSOCIAÇÃO BRASILEIRA DE NORMAS TÉCNICAS. **NBR ISO 12696**: Proteção catódica de estruturas de concreto. Rio de Janeiro: ABNT, 2016.

INTERNATIONAL ORGANIZATION FOR STANDARDIZATION - **ISO 8501-1**: Preparation of steel substrates before application of paints and related products - Visual assessment of surface cleanliness: ISO, 2007.

AMERICAN CONCRETE INSTITUTE. **ACI 228.1R-19**: Report on Methods for Estimating In-Place Concrete Strength. Farmington Hills: ACI, 2019.

ASSOCIAÇÃO BRASILEIRA DE NORMAS TÉCNICAS. **NBR 16746**: Concreto - Determinação da velocidade de pulso de ultrassom. Rio de Janeiro: ABNT, 2019.

Legislação e Manuais Técnicos

BRASIL. [Código Civil (2002)]. **Lei nº 10.406, de 10 de janeiro de 2002**. Institui o Código Civil. Brasília, DF: Presidência da República, [2002]. Disponível em: http://www.planalto.gov.br/ccivil_03/leis/2002/l10406compilada.htm. Acesso em: 29 dez. 2025.

BRASIL. [Código de Defesa do Consumidor (1990)]. **Lei nº 8.078, de 11 de setembro de 1990**. Dispõe sobre a proteção do consumidor e dá outras providências. Brasília, DF: Presidência da República, [1990].

BRASIL. [Código Penal (1940)]. **Decreto-Lei nº 2.848, de 7 de dezembro de 1940**. Código Penal. Brasília, DF: Presidência da República, [1940].

BRASIL. **Lei nº 14.133, de 1º de abril de 2021**. Lei de Licitações e Contratos Administrativos. Brasília, DF: Presidência da República, [2021].

BRASIL. Departamento Nacional de Infraestrutura de Transportes. **Manual de Gerenciamento de Obras de Arte Especiais**. Brasília, DF: DNIT, 2022.

Livros e Literatura Técnica

HELENE, P. R. L.; TERZIAN, P. **Manual de dosagem e controle do concreto**. São Paulo: PINI, 1992.

HELENE, P. R. L. **Corrosão em armaduras de concreto armado**. São Paulo: PINI, 1986.

MEHTA, P. K.; MONTEIRO, P. J. M. **Concreto**: microestrutura, propriedades e materiais. 3. ed. São Paulo: PINI, 2008.

FUSCO, P. B. **Estruturas de Concreto**: fundamentos do projeto estrutural. 3. ed. São Paulo: PINI, 2013.

LEONHARDT, F.; MÖNNIG, E. **Construções de Concreto**: pontes e grandes estruturas. Tradução de Newton H. A. de Carvalho. Rio de Janeiro: Interciência, 1979. v. 6.

CARVALHO, R. C.; FIGUEIREDO, A. D. **Cálculo e Detalhamento de Estruturas Protendidas**. 2. ed. São Paulo: PINI, 2017.

Apêndices

Apêndice A - Tabela prática com valores para rápida consulta.

Assunto / Parâmetro	Ótimo (Nota 5)	Aceitável (Notas 4 e 3)	Severo (Nota 2)	Crítico (Nota 1)	Ref. Cap.
Nota de Avaliação (DNIT/NBR 9452)	Estrutura sem problemas.	Danos que não afetam a estabilidade imediata.	Danos significativos; risco de colapso aparente.	Grave insuficiência; risco iminente de colapso.	Cap. 3
Velocidade de Pulso Ultrassônico (V)	>4.500 m/s (Concreto excelente).	3.000 a 4.500 m/s (Qualidade boa a média).	2.100 a 3.000 m/s (Qualidade pobre).	<2.000 m/s (Concreto muito ruim/vazios).	Cap. 4
Potencial de Corrosão (mV vs Cu/$CuSO_4$)	>-200 mV (Probabilidade <10%).	-200 a -350 mV (Incerteza técnica).	-350 a -500 mV (Probabilidade >90%).	<-500 mV (Corrosão severa e ativa).	Cap. 4
Estado de Carbonatação (pH do concreto)	pH>12,5 (Alcalinidade plena/passivada).	pH entre 10 e 12 (Início da despassivação).	pH<9 (Frente de carbonatação na armadura).	pH próximo a 8 (Despassivação total e corrosão).	Cap. 2
Abertura de Fissuras (Geral)	Indetectáveis visualmente.	<0,2 mm (Fissuras capilares/passivas).	0,3 a 0,8 mm (Ativas ou estruturais).	>1,0 mm (Fissuras de cisalhamento ou colapso).	Cap. 2 e 6
Perda de Seção da Armadura	0% (Seção íntegra).	<5% (Corrosão inicial/superficial).	5% a 15% (Perda de capacidade portante).	>20% (Risco de ruptura frágil).	Cap. 11
Fundação (Socavação)	Sem erosão aparente no leito.	Erosão leve sem exposição de elementos.	Exposição parcial de tubulões/blocos.	Base "solta"; tubulão exposto >2m.	Cap. 3 e 11
Juntas de Dilatação	Vedação íntegra e sem detritos.	Selante ressecado ou pequenos bloqueios.	Rompimento do selante e infiltração severa.	Bloqueio total; impedimento de movimentação.	Cap. 3 e 7

Apêndice B - Memorial de Cálculos Simplificados.

Aqui, reúnem-se algumas formulações matemáticas fundamentais para a análise preliminar de patologias e gestão de custos. É importante ressaltar que estas fórmulas representam **análises matemáticas simplificadas**. Elas devem ser utilizadas para fundamentar hipóteses iniciais e triagem de prioridades, não substituindo modelagens computacionais por Elementos Finitos (MEF) ou provas de carga em casos de risco estrutural crítico.

I - Estimativa da Profundidade de Carbonatação (x)

Referência: Capítulo 2 - Mecanismos de Deterioração5.

Contexto: Utilizada para prever em quanto tempo a frente de carbonatação atingirá a armadura, dado um cobrimento conhecido (c).

Formulação:

$$x = K \cdot \sqrt{t}$$

x: Profundidade de carbonatação (mm).

K: Coeficiente de carbonatação (depende da porosidade do concreto e umidade relativa).

t: Idade da estrutura (anos).

Exemplo Prático:

Uma ponte em ambiente urbano (Recife) tem 25 anos (t). O ensaio de fenolftaleína indicou uma profundidade de 15 mm (x).

Calculando o coeficiente K:

$$15 = K \cdot \sqrt{25} \rightarrow K = 3 \text{ mm/ano}^{0,5}$$

Se o cobrimento real for de 25 mm, em quanto tempo a corrosão iniciará?

$$25 = 3 \cdot \sqrt{t} \rightarrow \sqrt{t} = 8,33 \rightarrow t \approx 69 \text{ anos.}$$

Para eliminar a raiz quadrada e encontrar o valor real de **t**, aplicamos a operação inversa, que é a potenciação.

$$(8,33)^2 = (\sqrt{t})^2$$

$$69,3889 = t$$

Conclusão: A armadura estará protegida por mais 44 anos antes da despassivação pelo CO2, considerando que a obra já possui 25 anos.

II - Velocidade de Pulso Ultrassônico (V)

Referência: Capítulo 4 - Ensaios Não Destrutivos (END).

Contexto: Aplicada para avaliar a homogeneidade do concreto e detectar vazios ou ninhos de concretagem internos.

Formulação:

$$V = \frac{L}{T}$$

V: Velocidade de propagação (m/s).

L: Distância entre os transdutores (m).

T: Tempo de trânsito medido (m s).

Exemplo Prático:

Durante a inspeção de uma viga de 0,40 m de espessura (L), o aparelho registrou 100 m s (T).

$$V = 0,40/(100 \cdot 10^{-6}) = 4.000 \text{ m/s}.$$

Interpretação: De acordo com o critério comparativo, velocidades acima de 3.500 m/s indicam concreto de boa qualidade técnica. Ver tabela de referência a seguir.

Velocidade da Onda Ultrassônica (m/s)	Qualidade do Concreto
V > 4500	EXCELENTE
3500 < V < 4500	ÓTIMO
3000 < V < 3500	BOM
2000 < V < 3000	REGULAR
V < 2000	RUIM

III - Perda de Seção Transversal por Corrosão (Ares)

Referência: Capítulo 6 - Técnicas de Recuperação e Reforço.

Contexto: Necessária para calcular a capacidade de carga residual de uma viga com armaduras expostas e oxidadas.

Formulação:

$$A_{res} = \frac{\pi \cdot (D_i - 2 \cdot p)^2}{4}$$

Ares: Área residual da barra (mm2).

Di: Diâmetro inicial da barra (mm).

p: Profundidade da corrosão (mm), estimada pela remoção da camada de óxido15.

Exemplo Prático:

Uma barra de 20 mm (Di) apresenta corrosão severa. Após limpeza, mediu-se uma perda de raio de 2 mm (p).

$$A_{res} = \pi \cdot (20 - 4)^2/4 = \pi \cdot \ 16^2/4 \approx 201 \text{ mm}^2.$$

Conclusão: A barra perdeu aproximadamente 36% de sua área original (314 mm2), exigindo reforço estrutural, observando-se como limite aceitável até 10% de perda de seção transversal.

IV - Formação de Preço para Serviços de Inspeção (P)

Referência: Capítulo 13 - Composição de Honorários.

Contexto: Garante a viabilidade financeira e técnica do contrato de diagnóstico, cobrindo riscos de responsabilidade civil18181818.

Formulação:

$$P = (CD + H) \cdot (1 + BDI)$$

P: Preço final do serviço.

CD: Custos Diretos (logística, equipamentos, ensaios, apoio).

H: Honorários (valor intelectual do engenheiro especialista).

BDI: Benefícios e Despesas Indiretas (impostos, administração, lucro).

Exemplo Prático:

Para inspecionar uma ponte rural de grande extensão:

1. CD (veículo, diárias, hospedagem, etc) = R$ 2.000,00.
2. H (tempo técnico) = R$ 3.000,00.
3. BDI adotado = 25% (0,25).

P = (2.000 + 3.000). 1,25 = R$ 6.250,00.

www.ingramcontent.com/pod-product-compliance
Lightning Source LLC
LaVergne TN
LVHW010903110826
845149LV00005B/1459

* 9 7 8 6 5 5 1 9 8 9 0 3 2 *